JN061043

何でも聞いちゃえ　アグリの話
～農業施策・用語 Q&A～

31-33　A4判・47頁
定価800円（税込・送料別）

最近注目されている農業施策やキーワードを会話形式でわかりやすく解説！

Q&A で農政がわかりやすい！

令和版よくわかる農政用語集
～農に関するキーワード100～

31-31 B6判・276頁
定価2,000円（税込・送料別）

農業の法律や制度・施策をはじめ農業関係機関・団体、経営や生産技術、環境問題など、幅広い分野から約1,000語を選んで解説。

現代の農についてのキーワードが丸わかり！

ご購入方法

①お住まいの都道府県の農業会議に注文

（品物到着後、農業会議より請求書を送付させて頂きます）

都道府県農業会議の電話番号

北海道	011(281)6761	静岡県	054(255)7934	岡山県	086(234)1093
青森県	017(774)8580	愛知県	052(962)2841	広島県	082(545)4146
岩手県	019(626)8545	三重県	059(213)2022	山口県	083(923)2102
宮城県	022(275)9164	新潟県	025(223)2186	徳島県	088(678)5611
秋田県	018(860)3540	富山県	076(441)8961	香川県	087(812)0810
山形県	023(622)8716	石川県	076(240)0540	愛媛県	089(943)2800
福島県	024(524)1201	福井県	0776(21)8234	高知県	088(824)8555
茨城県	029(301)1236	長野県	026(217)0291	福岡県	092(711)5070
栃木県	028(648)7270	滋賀県	077(523)2439	佐賀県	0952(20)1810
群馬県	027(280)6171	京都府	075(441)3660	長崎県	095(822)9647
埼玉県	048(829)3481	大阪府	06(6941)2701	熊本県	096(384)3333
千葉県	043(223)4480	兵庫県	078(391)1221	大分県	097(532)4385
東京都	03(3370)7145	奈良県	0742(22)1101	宮崎県	0985(73)9211
神奈川県	045(201)0895	和歌山県	073(432)6114	鹿児島県	099(286)5815
山梨県	055(228)6811	鳥取県	0857(26)8371	沖縄県	098(889)6027
岐阜県	058(268)2527	島根県	0852(22)4471		

②全国農業図書のホームページから注文

（https://www.nca.or.jp/tosho/）

（お支払方法は、銀行振込、郵便振替、クレジットカード、代金引換があります。銀行振込と郵便振替はご入金確認後に、品物の発送となります）

③ Amazon から注文

全国農業図書　検 索

日本農業技術検定試験　２級

2019年度　第１回　試験問題（p.18～101）

選択科目［作物］

24

①

②

③

④

⑤

36

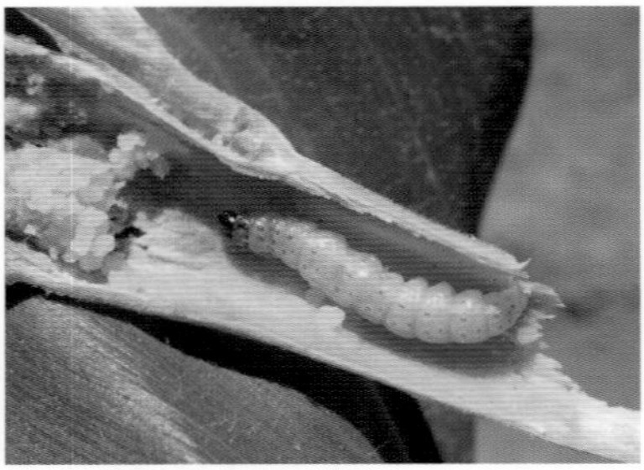

37

2019年度　第１回　試験問題（p.18～101）

選択科目［野菜］

11

12

22

25

26

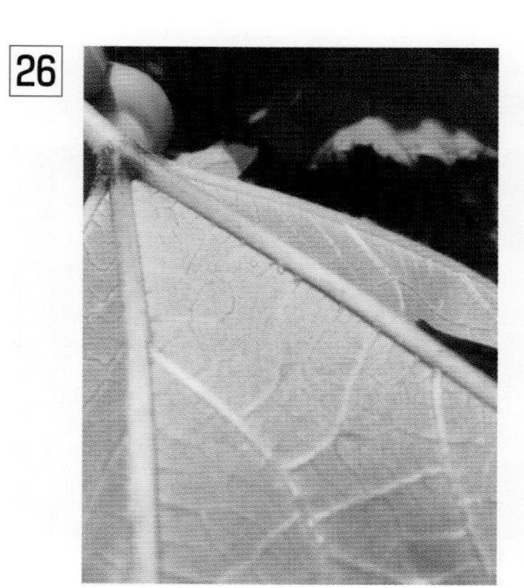

2019年度　第１回　試験問題（p.18～101）

選択科目［野菜］

27

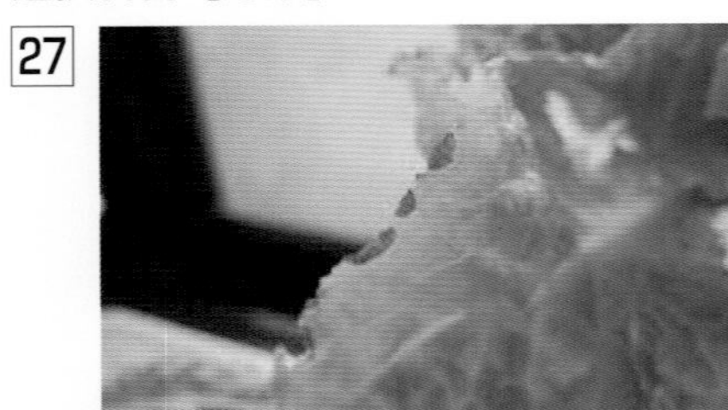

38

46

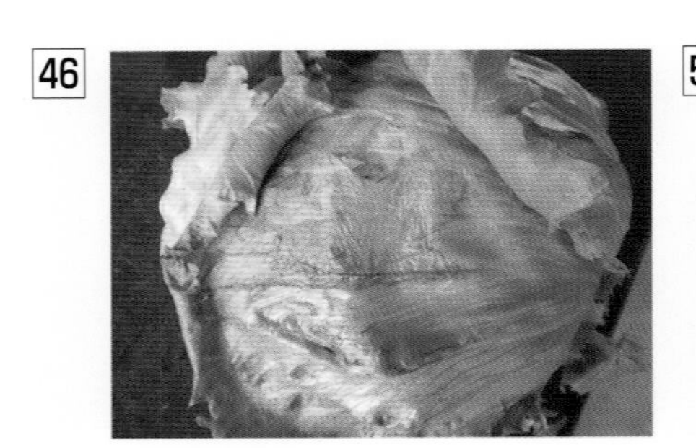

50

選択科目［花卉］

14

16

2019年度　第１回　試験問題（p.18～101）

選択科目［花き］

17

20

①インコアナナス

②サンセベリア

③ヤシ

④ドラセナ

⑤フィカス

2019年度　第１回　試験問題（p.18～101）

選択科目［花き］

29

35

40

42

選択科目［果樹］

11

12

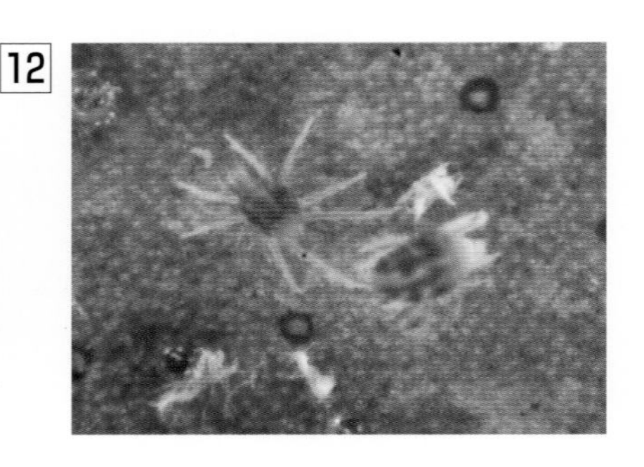

選択科目［果樹］

14

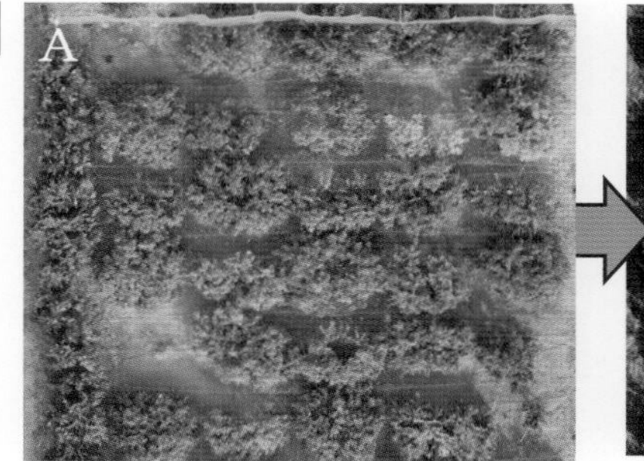

27

29

A

B

C

選択科目［果樹］

31

32

33

34

35

2019年度　第１回　試験問題（p.18～101）

選択科目［果樹］

36

37

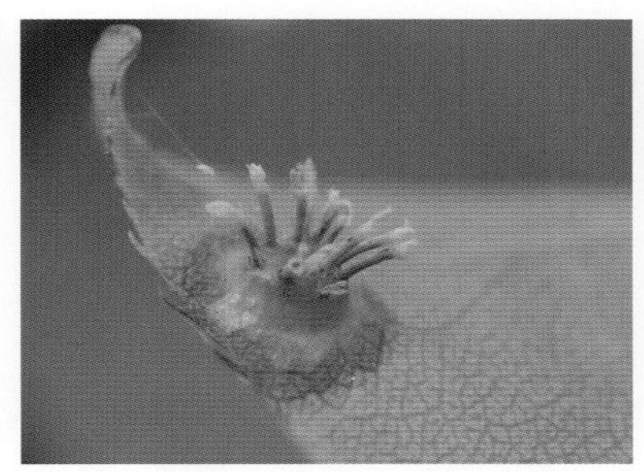

45

49

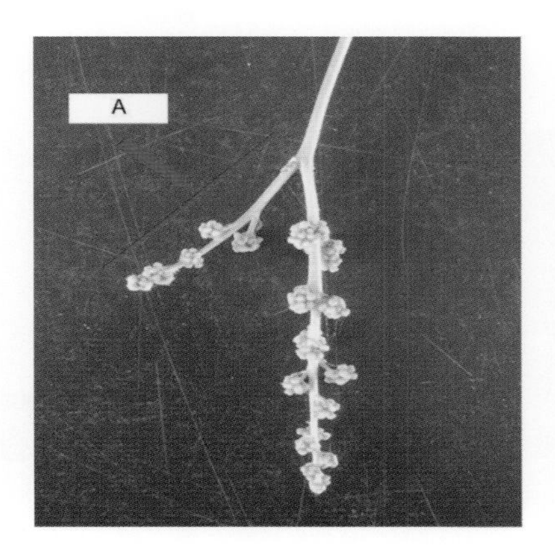

選択科目［畜産］

25

28

35

42

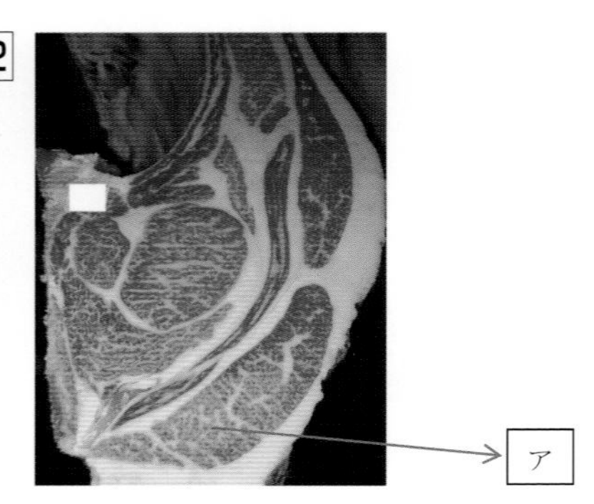

44

46

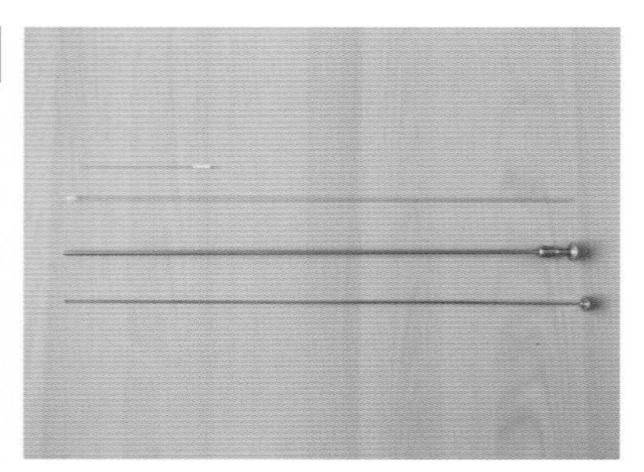

選択科目［食品］

40

2019年度　第２回　試験問題（p.104～191）

選択科目［作物］

18

33

38

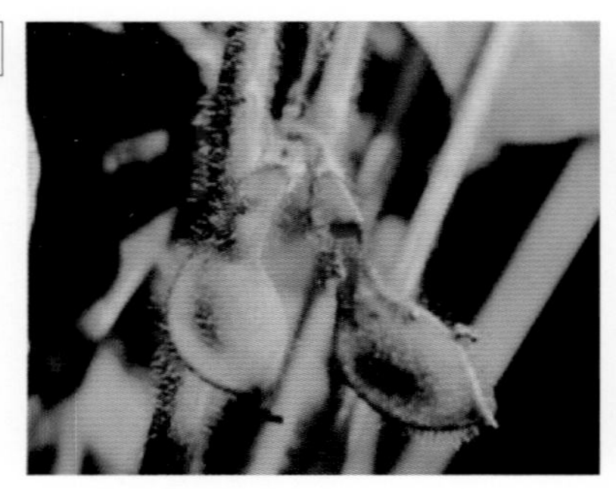

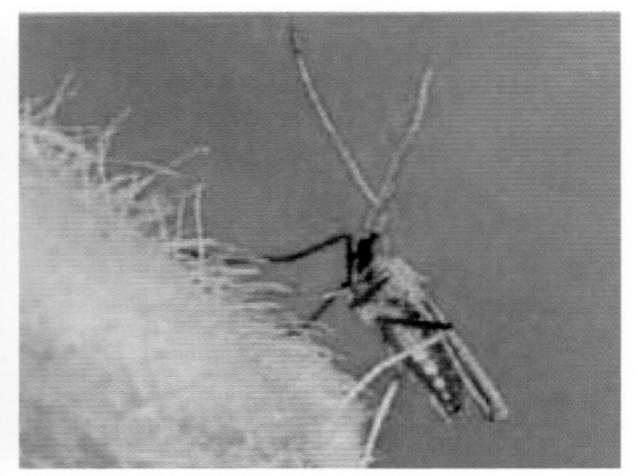

選択科目［作物］

39

44

50

作物名	適用害虫名	希釈倍数(倍
ばれいしょ	アブラムシ類	1,000~2,000
	ジャガイモガ、ナストビハムシ ニジュウヤホシテントウ	1,000
にんじん	ヨトウムシ、ハスモンヨトウ、アブラムシ類	
かぼちゃ	ワタアブラムシ	
ごぼう	アブラムシ類	

選択科目［野菜］

11

12

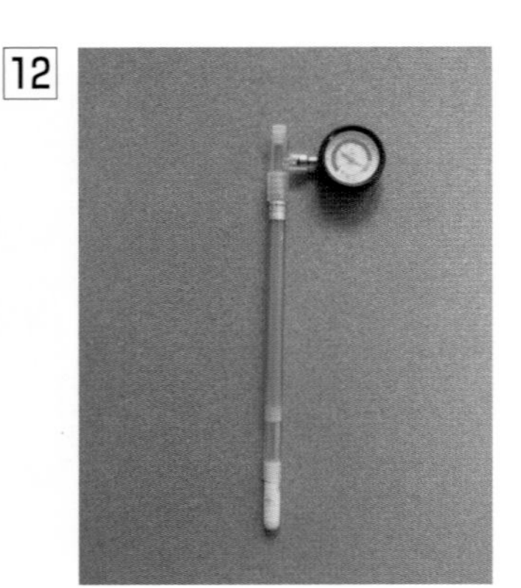

13

※左の図の拡大写真

14

15

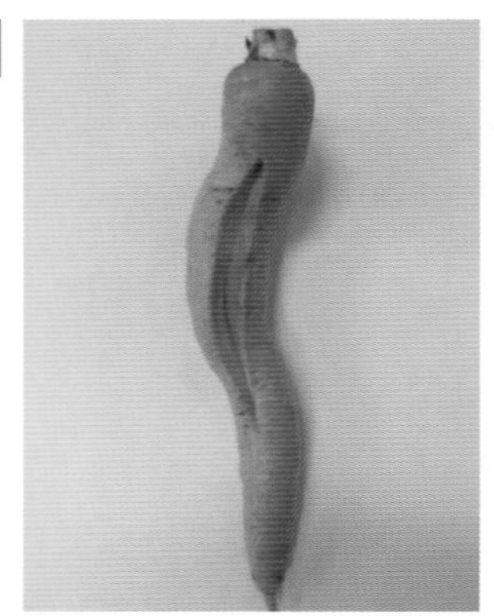

2019年度　第２回　試験問題（p.104～191）

選択科目［野菜］

16

①

②

③

④

⑤

17

24

27

28

2019年度　第２回　試験問題（p.104～191）

選択科目［野菜］

31

32

34

35

2019年度　第２回　試験問題（p.104～191）

選択科目［野菜］

37

38

40

41

2019年度　第2回　試験問題（p.104～191）

42

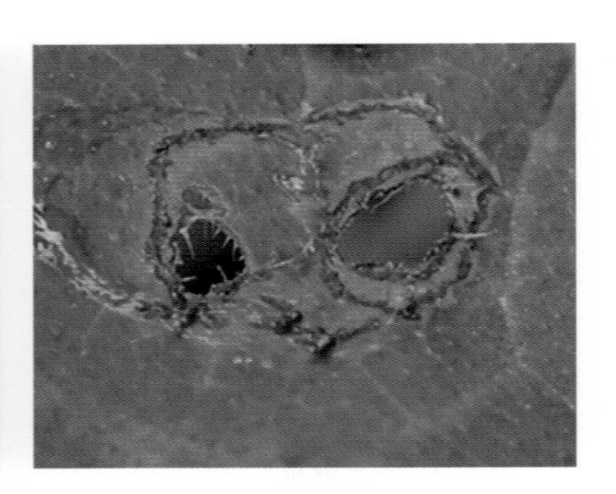

44

45

46

①　②　③　④　⑤

2019年度　第２回　試験問題（p.104～191）

選択科目［野菜］

47

成虫

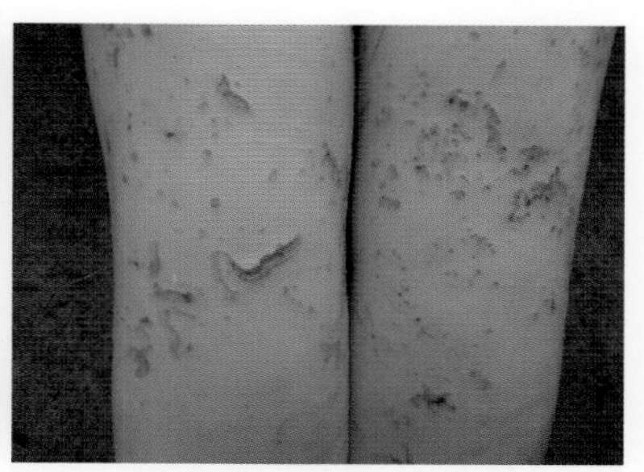

幼虫による食害痕

50

選択科目［花き］

11

選択科目［花き］

12

15

18

19

33

2019年度　第２回　試験問題（p.104～191）

選択科目［花き］

40

41

43

①　②　③

④　⑤

44　45

選択科目［花き］

47

49

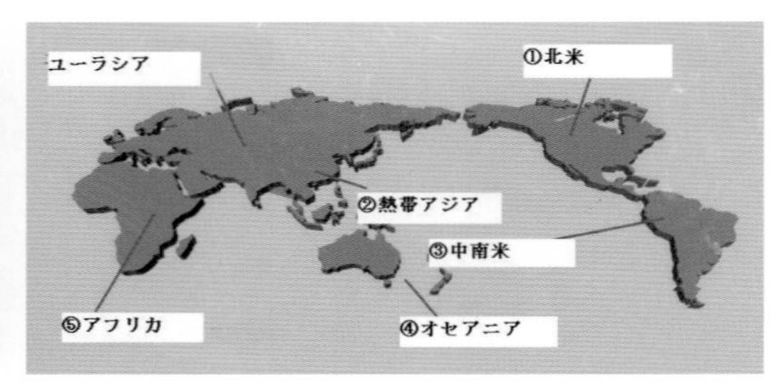

50

選択科目［果樹］

16

17

18

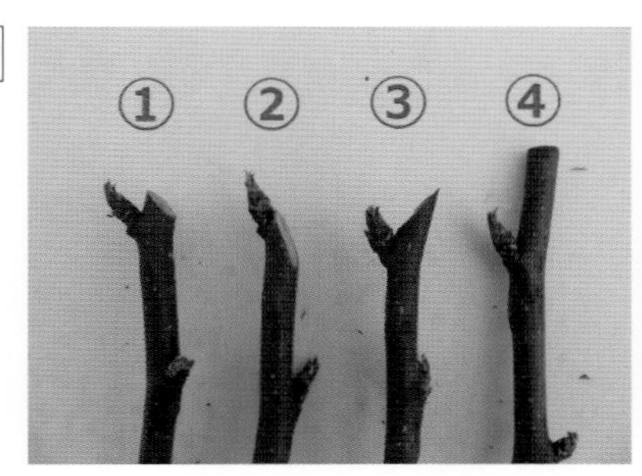

28

29

選択科目［果樹］

30

31

32

33

2019年度　第２回　試験問題（p.104～191）

選択科目［果樹］

34

37

40

42

43

45

選択科目［果樹］

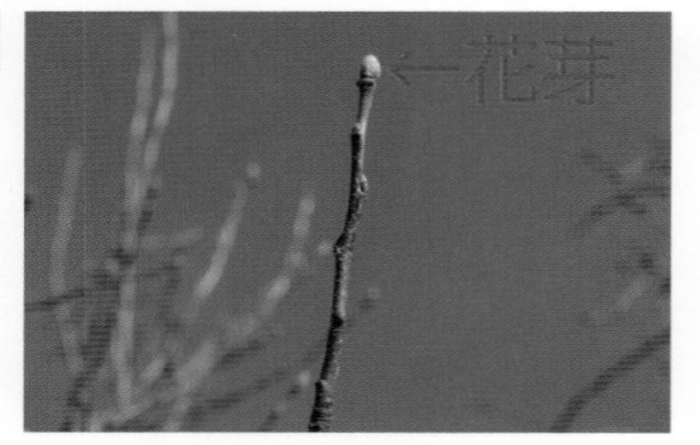

49

選択科目［畜産］

23

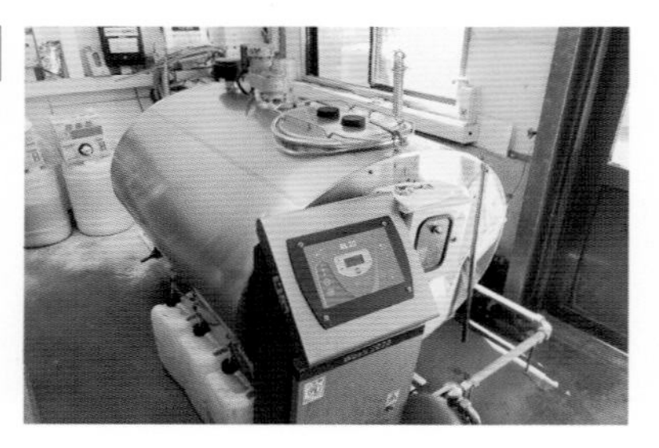

35

41

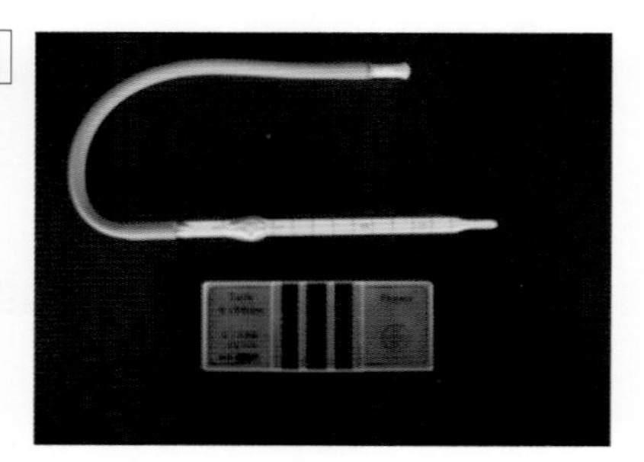

選択科目［畜産］

42

46

47

選択科目［食品］

17

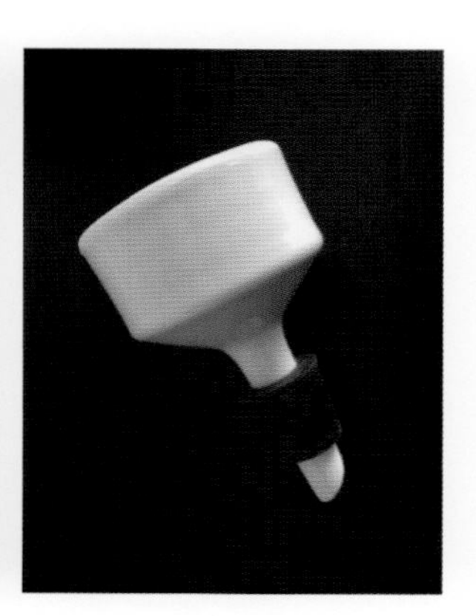

選択科目［食品］

44

45

48

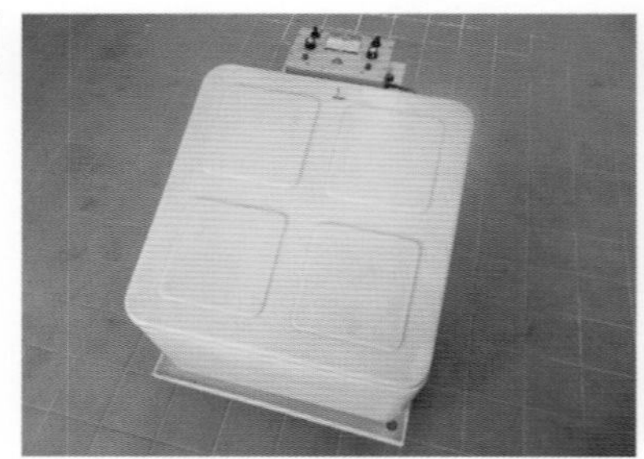

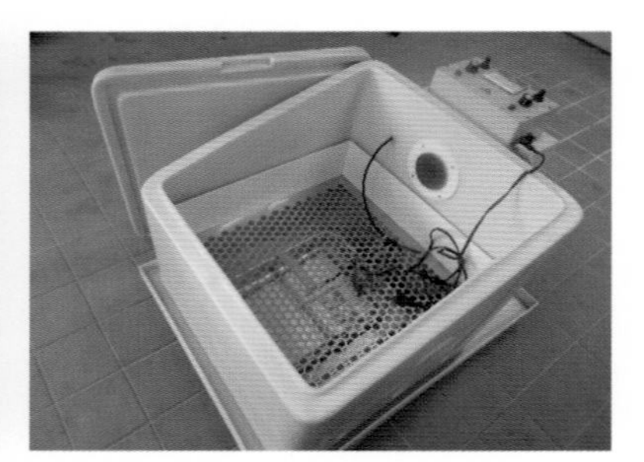

日本農業技術検定2級　解答用紙

受験級
● 2級

受験者氏名
フリガナ
漢字

受験番号												
0	0	0	0	0	0	0	0	0	0	0	0	0
1	1	1	1	1	1	1	1	1	1	1	1	1
2	2	2	2	2	2	2	2	2	2	2	2	2
3	3	3	3	3	3	3	3	3	3	3	3	3
4	4	4	4	4	4	4	4	4	4	4	4	4
5	5	5	5	5	5	5	5	5	5	5	5	5
6	6	6	6	6	6	6	6	6	6	6	6	6
7	7	7	7	7	7	7	7	7	7	7	7	7
8	8	8	8	8	8	8	8	8	8	8	8	8
9	9	9	9	9	9	9	9	9	9	9	9	9

選択
○ 作物
○ 野菜
○ 花き
○ 果樹
○ 畜産
○ 食品

注意事項

1. はじめに受験番号・フリガナ氏名が正しく印字されているか確認し、漢字氏名欄に氏名を記入してください。
2. 記入にあたっては、B又はHBの鉛筆、シャープペンシルを使用してください。
3. ボールペン、サインペン等で解答した場合は採点できません。
4. 訂正は、プラスティック消しゴムできれいに消し、跡が残らないようにしてください。
5. 解答欄は、各問題につき1つのみ解答してください。
6. 解答用紙は折り曲げたり汚したりしないよう、注意してください。

マーク例

良い例	悪い例
●	⊙ ⊗ ✓ ○

共通

設問	解答欄				
1	1	2	3	4	5
2	1	2	3	4	5
3	1	2	3	4	5
4	1	2	3	4	5
5	1	2	3	4	5
6	1	2	3	4	5
7	1	2	3	4	5
8	1	2	3	4	5
9	1	2	3	4	5
10	1	2	3	4	5

選択

設問	解答欄				
11	1	2	3	4	5
12	1	2	3	4	5
13	1	2	3	4	5
14	1	2	3	4	5
15	1	2	3	4	5
16	1	2	3	4	5
17	1	2	3	4	5
18	1	2	3	4	5
19	1	2	3	4	5
20	1	2	3	4	5
21	1	2	3	4	5
22	1	2	3	4	5
23	1	2	3	4	5
24	1	2	3	4	5
25	1	2	3	4	5
26	1	2	3	4	5
27	1	2	3	4	5
28	1	2	3	4	5
29	1	2	3	4	5
30	1	2	3	4	5
31	1	2	3	4	5
32	1	2	3	4	5
33	1	2	3	4	5
34	1	2	3	4	5
35	1	2	3	4	5

選択

設問	解答欄				
36	1	2	3	4	5
37	1	2	3	4	5
38	1	2	3	4	5
39	1	2	3	4	5
40	1	2	3	4	5
41	1	2	3	4	5
42	1	2	3	4	5
43	1	2	3	4	5
44	1	2	3	4	5
45	1	2	3	4	5
46	1	2	3	4	5
47	1	2	3	4	5
48	1	2	3	4	5
49	1	2	3	4	5
50	1	2	3	4	5

はじめに

日本の農業は、世界の食料需給や貿易の不安定のなか、将来にわたって食料生産を維持・発展させることが期待されています。国土や自然環境の保全、文化の伝承など多面的機能の発揮も果たしています。

こうした役割を担う農業にやりがいを持ち、自然豊かな環境や農的な生き方に魅力を感じて、さらにビジネスとしての可能性を見出して、新規に就農する人や農業法人、農業関連企業等に就職し、意欲をもって活躍する人たちは少なくありません。

自然を相手に生産活動を行う農業や農業に関連する職業に携わるには、農業の知識や生産技術をしっかり身に着けることが重要になります。日々変化し発展する農業技術を有効に活用するためには、農業についての然るべき知識や技術の理解が不可欠です。

日本農業技術検定は、農林水産省と文部科学省後援による、農業系の高校生や大学生、就農準備校の受講生、農業法人など農業関連企業の社会人を対象とした、全国統一の農業専門の検定制度です。就農希望者だけでなく、学業や研修の成果の証として、またJAなど農業関係者によるキャリアアップの取り組みをはじめ、すでに27万人の方々が受験しています。

本検定の２級は「栽培管理が可能な基本レベル」で、３級よりも応用的な専門知識や技術を評価します。あなたが身につけた農業知識や生産技術の水準を２級受験で試してみましょう。

２級の検定試験は、５択式のマークシートになり、選択科目も６科目（作物、野菜、花き、果樹、畜産、食品）に広がり内容的にも高度となりますので、本過去問題集を点検して、農業高等学校の教科書や専門書で確認もしながら勉強されることをお薦めします。２級レベルの農業技術の知識を修得して、就農や進学・就職に役立ててください。

2020年４月

日本農業技術検定協会
事務局　一般社団法人 全国農業会議所

本書活用の留意点

◆実際の試験問題は A4判のカラーです。

本書は、持ち運びに便利なように、A4判より小さい A5判としました。また、試験問題の写真部分は本書の巻頭ページにカラーで掲載しています。

◆◆CONTENTS◆◆

解答・解説編　（別冊）

日本農業技術検定ガイド

1　検定の概要

●・・日本農業技術検定とは？・・●

日本農業技術検定は、わが国の農業現場への新規就農のほか、農業系大学への進学、農業法人や関連企業等への就業を目指す学生や社会人を対象として、農業知識や技術の取得水準を客観的に把握し、教育研修の効果を高めることを目的とした農業専門の全国統一の試験制度です。農林水産省・文部科学省の後援も受けています。

●・・合格のメリットは？・・●

合格者には農業大学校や農業系大学への推薦入学で有利になったり受験料の減免などもあります！ また、新規就農希望者にとっては、農業法人への就農の際のアピール・ポイントとして活用できます。JA など社会人として農業関連分野で働いている方も資質向上のために受験しています。大学生にとっては就職にあたりキャリアアップの証明になります。海外農業研修への参加を考えている場合にも、日本農業技術検定を取得していると、筆記試験が免除となる場合があります。

●・・試験の日程は？・・●

2020年度の第１回試験日は７月11日（土）、第２回試験日は12月12日（土）です。第１回の申込受付期間は５月１日（金）～６月５日（金）、第２回は10月１日（木）～11月５日（木）となります。

※１級試験は第２回（12月）のみ実施。

●・・具体的な試験内容は？・・●

1級・2級・3級をご紹介します。試験内容を確認し、過去問題を勉強し、しっかり準備をして試験に挑みましょう！

（2019年度より）

等級	1級	2級	3級
想定レベル	農業の高度な知識・技術を習得している実践レベル	**農作物の栽培管理等が可能な基本レベル**	農作業の意味が理解できる入門レベル
試験方法	学科試験＋実技試験	**学科試験＋実技試験**	学科試験のみ
学科受検資格	特になし	**特になし**	特になし
学科試験出題範囲	共通：農業一般 ＋ 選択：作物、野菜、花き、果樹、畜産、食品から1科目選択	**共通：農業一般 ＋ 選択：作物、野菜、花き、果樹、畜産、食品から1科目選択**	共通：農業基礎 ＋ 選択：栽培系、畜産系、食品系、環境系から1科目選択
学科試験問題数	学科60問（共通20問、選択40問）	**学科50問（共通10問、選択40問）**	50問※3（共通30問、選択20問）環境系の選択20問のうち10問は3種類（造園、農業土木、林業）から1つを選択
学科試験回答方式	マークシート方式（5者択一）	**マークシート方式（5者択一）**	マークシート方式（4者択一）
学科試験試験時間	90分	**60分**	40分
学科試験合格基準	120点満点中原則70%以上	**100点満点中原則70%以上**	100点満点中原則60%以上
実技試験受検資格	受験資格あり※1	**受験資格あり※2**	－
実技試験出題範囲	専門科目から1科目選択する生産要素記述試験（ペーパーテスト）を実施（免除規定有り）	**乗用トラクタ、歩行型トラクタ、刈払機、背負い式防除機から2機種を選択し、ほ場での実地研修試験（免除規定有り）**	－

※1　1級の学科試験合格者。2年間以上の就農経験を有する者または検定協会が定める事項に適合する者（JA 営農指導員、普及指導員、大学等付属農場の技術職員、農学系大学生等で農場実習等4単位以上を取得している場合）は実技試験免除制度があります（2019年度より創設。詳しくは、日本農業技術検定ホームページをご確認ください）。

※2　2級の学科試験合格者。1年以上の就農経験を有する者または農業 高校・農業大学校など2級実技水準に相当する内容を授業などで受講した者、JA 営農指導員、普及指導員、大学等付属農場の技術職員、学校等が主催する任意の講習会を受講した者は2級実技の免除規定が適用されます。

※3　3級の選択科目「環境」は20問のうち「環境共通」が10問で、「造園」「農業土木」「林業」から1つを選択して10問、合計20問となります。

●・・申し込みから受験までの流れ・・●

日本農業技術検定ホームページにアクセスする。
(https://www.nca.or.jp/support/general/kentei/)

↓

申し込みフォームより必要事項を入力の上、申し込む。

※団体受験において、２級実技免除校に指定されている場合は、その旨のチェックを入力すること。

↓

お申し込み後に検定協会から送られてくる確認メールで、ID、パスワード、振り込み先等を確認し、指定の銀行口座に受験料を振り込む。

↓

入金後、ID、パスワードを使って、振り込み完了状況、受験級と受験地等の詳細を再確認する。

↓

申し込み完了

↓

試験当日の２週間～３週間前までに受験票が届いたことを確認する。
※受験票が届かない場合は、事務局に問い合わせる。

↓

受験

※試験結果通知は約１か月後です。

※詳しい申し込み方法は日本農業技術検定のホームページからご確認ください。

※原則、ホームページからの申し込みを受け付けていますが、インターネット環境がない方のためにFAX、郵送でも受け付けています。詳しくは検定協会にお問い合せください。

※１・２級実技試験の内容や申し込み、免除手続き等については、ホームページでご確認ください。

◆お問い合わせ先◆

日本農業技術検定協会（事務局：一般社団法人 全国農業会議所）
〒102-0084 東京都千代田区二番町５－６
あいおいニッセイ同和損保　二番町ビル７階
TEL:03(6910)1126　E-mail:kentei@nca.or.jp

日本農業技術検定　検索

●・・試験結果・・●

日本農業技術検定は、2007年度から３級、2008年度から２級、2009年度から１級が本格実施されました。受験者数は年々増加して、近年では毎年25,000人超が受験しています。受験者の内訳は、一般、農業高校、専門学校、農業大学校、短期大学、四年制大学（主に農業系）、その他（農協等）です。

受験者数の推移

（人）

	1級	2級	3級	合計
2007年度	—	—	8,630	8,630
2008年度	—	2,412	10,558	12,970
2009年度	131	2,656	13,786	16,573
2010年度	180	3,142	14,876	18,198
2011年度	244	3,554	16,152	19,950
2012年度	255	4,037	17,032	21,324
2013年度	293	3,859	18,405	22,557
2014年度	258	4,104	18,411	22,773
2015年度	245	4,949	18,926	24,120
2016年度	308	5,350	20,183	25,841
2017年度	277	5,743	20,681	26,701
2018年度	247	5,365	20,521	26,133
2019年度	266	5,311	19,992	25,569

各受験者の合格率（2019年度）

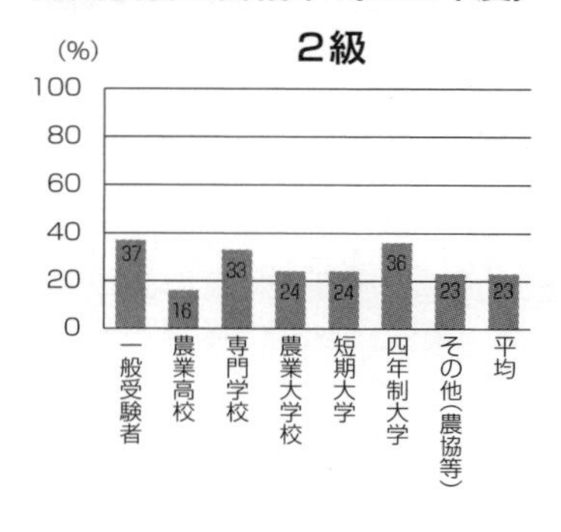

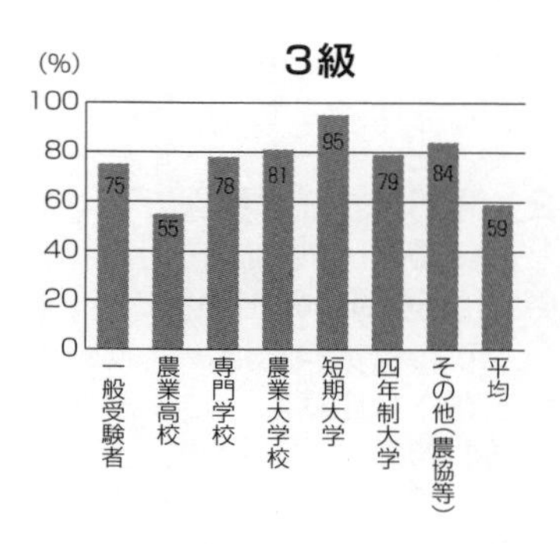

科目別合格率（2018年度）

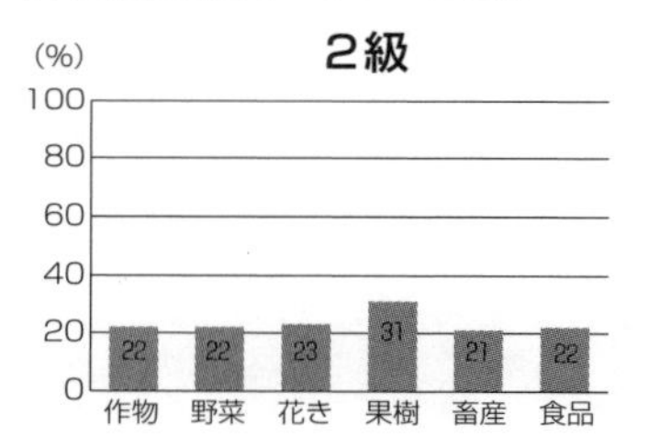

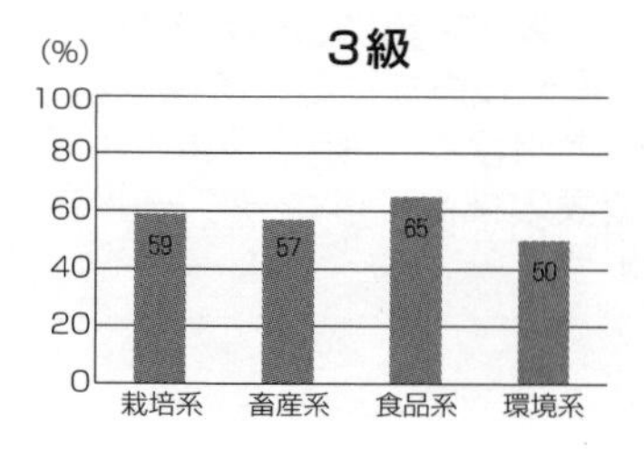

2　勉強方法と試験の傾向

●・・2級 試験の概要・・●

２級試験は、すでに農業や食品産業などの関連分野に携わっている者やある程度の農業についての技術や技能を修得している者を対象とし、３級よりもさらに応用的な専門知識、技術や技能（農作業の栽培管理が可能な基本レベル）について評価します。農業や食品産業などは、ものづくりであるため、実務の基本について経験を通して習い覚えることが大切です。つまり、２級試験では知識だけでなく､実際の栽培技術や食品製造技術などについても求められます。選択科目は６科目に分かれます。

●・・勉強のポイント・・●

（１）専門的な技術や知識・理論を十分に理解

農業に関係する技術は、気候や環境などの違いによる地域性や栽培方法の多様性などがみられることが技術自体の特殊性ですが、この試験は、全国的な視点から共通することが出題されます。このため、専門分野について基本的な技術や理論を十分に理解することがポイントです。

（２）専門分野をより深める

２級試験は、共通問題10問、選択科目40問の合計50問です（2019年度より変更）。共通問題の出題領域は、農業機械・施設、流通、農業経営、農業政策からです。選択科目は、作物、野菜、花き、果樹、畜産、食品の各専門分野から出題されます。

共通問題が少ないため、自身の専門分野をより深めて広げることがポイントです。選択科目毎に動植物の生育の特性、分類、栽培管理、病害虫の種類などを理解しましょう。

（３）専門用語について十分に理解する

技術や技能を学び、実践する時には専門用語の理解度が求められます。自身の専門分野の専門用語について十分に理解することがポイントです。出題領域表の細目にはキーワードを例示していますので、その意味を理解しましょう。

（4）農作物づくりの技術や技能を理解し学ぶ

実際の栽培技術・飼育技術・加工技術などについての知識や体験をもとに、理解力や判断力が求められます。適切な知識に基づく的確な判断は、良い農産物・安全で安心な食品づくりにつながります。このため、農作業の栽培管理に必要な知識や技術、例えば、動植物の生育特性、作業の種類、病害虫対策の内容、機械器具の選択、更には当該作物等をめぐる経営環境などを学ぶことがポイントです。

●・・傾向と対策・・●

２級試験は、３級試験を踏まえ、さらに応用的で現場で必要な専門知識、技術や技能について出題されます。また、３級試験は、４つの解答群から一つを選び原則60点以上が合格ですが、２級試験は、５つの解答群から一つを選び原則70点以上が合格で、かつ６分野別の専門知識も必要とされ、レベルが上がるのでより正確な知識と適切な判断力が求められます。

問題の出題領域（次頁参照）が公開されており、キーワードが明確になっているので専門用語などを理解することが求められています。

出題領域は、範囲が広く（実用面を考慮して領域以外からも出題される場合もあります）、すべて把握することは労力を要しますので、次のポイントを押さえ、効率的に勉強しましょう。

◎まずは、過去問題を解く（最重要）。
◎過去問題から細目等の出題傾向を摑み、対策を練る。
◎苦手な分野は、領域を確認しながら、特に農業高等学校教科書（６科目専門別）を参考図書として活用して克服していく。

写真やイラストなどで、実際の現場で使う実践的な知識を増やすことが大事です。最後に、これまでに頻出度合いの高い問題もあります。過去の出題問題に十分に目を通しておくことが合格への近道です!!

3　出題領域

科目	作物名・領域	単元	細　目
共通（農業機械・施設）	原動機	内燃機関	ガソリンエンジン　ディーゼルエンジン
		電動機	三相誘導電動機　単相誘導電動機
	トラクタ	乗用トラクタ	エンジン　4サイクル水冷　スロットル　クラッチ　ブレーキ　走行系　PTO系　差動装置・デフロック　変速装置（トランスミッション）　スタータ・予熱装置　エアクリーナ　バッテリ　始動前の点検　運転の基本　作業と安全
		歩行用トラクタ	主クラッチ　変速装置　Vベルト　かじ取り装置
		作業機の連結装置	三点支持装置　PTO軸　油圧装置
	耕うん・整地用機械	すき プラウ	すき はつ土板プラウ　ディスクプラウ
		駆動耕うん機械	ロータリ耕うん機　花形ロータ　かごロータ　駆動円板ハロー　なたづめ　L形づめ　普通づめ
		土地改良機械	トレンチャ
	育成・管理用機械	施肥機	マニュアスプレッダ　ブロードキャスタ　ライムソーワ
		たねまき機	すじまき機　点まき機　ばらまき機
		移植機	田植機　畑用移植機
		中耕除草機	カルチベータ　刈払い機
		水管理用機械	うず巻きポンプ　エンジンポンプ　スプリンクラ
		防除機	人力噴霧機　動力噴霧機　動力散粉機　ミスト機　ブームスプレーヤ　スピードスプレーヤ
	運搬用機械	動力運搬車	自走式運搬車　トレーラ　トラック　フォークリフト　フロントローダ
		搬送機	コンベヤ　バケットエレベータ　スローワ　ブローワ　モノレール
	施設園芸用機械装置	暖房機	温風暖房機　温水暖房機　蒸気暖房機　電熱暖房機　ヒートポンプ
		環境制御機器	マイクロコンピュータ制御機器
	工具類	レンチ	片口スパナ　両口スパナ　オフセットレンチ（めがねレンチ）　ソケットレンチ　アジャストレンチ　パイプレンチ　トルクレンチ
		プライヤ	ニッパ　ラジオペンチ　ウォーターポンププライヤ
		ドライバ	プラスドライバ　マイナスドライバ
		ハンマ	片手ハンマ　プラスチックハンマ
		その他の工具	プーラ　平タガネ　タップ　ダイス　ノギス　ジャッキ　油さし　グリースガン
	燃料と潤滑油	燃料	LPG　ガソリン　灯油　軽油　重油
		潤滑油	エンジン油　ギヤ油　グリース
共通（農産加工・流通）	農産製造基礎	農産製造の意義	食品製造の目的　食品産業の分類　日本の食品産業の特色
		食品の変質と貯蔵	生物的要因による変質　物理的要因による変質　化学的要因による変質
			食品貯蔵の原理　乾燥　低温　空気組成　殺菌　浸透圧　pH　くん煙
		食品衛生	食品衛生行政　法律
			食中毒の分類　食品による危害　食品添加物
		食品の包装と表示	食品包装の目的　包装材料　包装技術　容器包装リサイクル法
			食品表示制度　食品衛生法　JAS法　健康増進法
共通（農業経営）	農業経営の情報	情報の収集と活用	経営情報　簿記　会計分析　農作業日誌　生産管理情報　流通・販売管理情報　ヒト・モノ・カネ情報　生産技術情報　気象情報　適期作業情報　生産資材情報　農業機械情報　販売情報　制度情報　農地情報　資金情報
		マーケティング	消費者ニーズ　農産物市場　農産物価格の特徴　需給の特徴　流通の特徴　せり売り　相対取引　卸売市場　共同販売　産地直送販売　電子商取引　アンテナショップ　ニッチの市場　四つのP　ファーマーズマーケット

科目	作物名・領域	単元	細　目
共通（農業経営）	農業経営の管理	農業経営の主体と目標	家族経営　農業経営の法人化　企業経営　青色申告　家族経営協定　農業粗収益　農業経営費　農業生産費　農企業利潤　農業所得　家族労働報酬
		農業生産の要素	土地　労働力　資本　地力　地力維持　低投入型農法　土地基盤整備　労働配分　分業の利益　固定資本　流動資本　収穫漸減の減少　変動費　固定費　固定資本装備率
		経営組織の組み立て	作目　地目　経営部門　基幹作目　比較有利性の原則　差別化製品　高付加価値製品　単一経営　複合経営　多角化　輪作　多毛作　連作　連作障害　競合関係　補合関係　補完関係
		経営と協同組織	共同作業　共同利用　ゆい　栽培・技術協定　受託　委託　農業機械銀行　産地作り　法人化　農業法人　農地所有適格法人　農事組合法人　集落　農業団体　農協組織　農協の事業　農家小組合　区長　農業委員会　農業共済組合　土地改良区　公民館　農業改良普及
		農業経営の管理	経営者能力　管理運営　経営ビジョン　経営戦略　集約度　集約化　集約度限界　経営規模　規模拡大　農用地の流動化　地価　借地料　施設規模の拡大
	農業経営の会計	取引･勘定･仕訳	簿記　複式簿記　資産　負債　資本　貸借対照表　損益計算　収益　費用　損益計算書　取引　勘定　勘定科目　勘定口座　借方　貸方　取引要素　取引要素の結合　取引の二面性　仕訳　転記
		仕訳帳と元帳	仕訳帳　元帳
		試算表と決算	試算表　精算表　決算
		農産物の原価計算	生産原価　総原価　原価要素　賦課　配賦
	農業経営の診断と設計	農業経営の診断	マネジメントサイクル　経営診断の要点　内部要因　外部要因　実数法　比率法　農業所得率　家族労働報酬　農業所得　集約度　労働生産性　土地生産性　資本生産性　生産性指標　作物収量指数　固定資産　流動資産　農業粗収益　生産量　農業経営費　物財費　収益性分析　技術分析　財務諸表分析　資本利益率　売上高利益率　生産性分析　安全性分析　成長性分析　損益分岐点分析
		農業経営の設計	経営目標　目標水準　経営診断　部門設計　基本設計　経営試算　改善設計　収益目標　生産設計　運営設計　農作業日誌　経営者能力　資金繰り計画　黒字倒産　資金運用表　マーケティング戦略　契約販売　販売チャンネル
共通（農業政策）	農業の動向	わが国の農業	自然的特徴　農家　農業経営の特徴　農業の担い手
		世界の農業	世界の農業　穀物栽培・収穫量
		食料の需給と貿易	食料援助　食料自給率
	農業政策	食料消費	農産物輸入動向　食料消費動向　食料自給率　食育基本法　地理的表示
		農業政策・関係法規	食料･農業･農村基本法　農業基本法　構造政策　認定農業者制度　農地法・農業経営基盤強化促進法　経営所得安定対策　食料自給率
			環境保全型農業　農業の多面的機能　中山間地政策　グリーンツーリズム　WTO　FTA・EPA・TPP　市民農園　新規就農政策
作物	作物をめぐる動向		米の需給・流通・消費動向　作付面積　生産数量目標　経営所得安定対策　飼料米の動向　米の輸入制度
	イネ	植物特性	原産地・植物分類（自然分類生育特性）
		種類・主要品種	日本型　インド型　ジャワ型　水稲　陸稲　うるち　もちコシヒカリ　あきたこまち　ひとめぼれ　ヒノヒカリ　ササニシキ　飼料用イネ
		栽培管理	基本的な栽培管理　ブロックローテーション
		たねもみ	塩水選　芽だし（催芽）　湯温消毒
		苗づくり	稚苗　中苗　成苗　育苗箱　苗代　分げつ　主かん　緑化　硬化　葉齢
		本田での生育・管理	作土　すき床　心土　耕起　砕土　耕うん　代かき　田植え　水管理（深水・中干し・間断かんがい・花）　追肥（分げつ肥・穂）　葉齢指数　不耕起移植栽培　冷害・高温障害

科目	作物名・領域	単元	細　目
作物	イネ	収穫・調整	バインダー　コンバイン　天日干し　乾燥機　もみすり　無洗米　検査規格　収量診断
		病害虫防除	いもち病　紋枯れ病　ごま葉枯れ病　白葉枯れ病　しま葉枯れ病　萎縮病　苗立ち枯れ病　雑草　ニカメイガ　セジロウンカ　トビイロウンカ　ツマグロヨコバイ　イナヅマヨコバイ　イネハモグリバエ　イネミズゾウムシ　カメムシ
	ムギ	植物特性	原産地・植物分類（自然分類生育特性）
		種類・主要品種	コムギ　オオムギ　ライムギ　エンバク　４・６倍数体
		利用加工	製粉の種類・特徴
		栽培管理	基本的な栽培管理　播種　麦踏み　秋播性　生育ステージ
		病害虫防除	うどんこ病　黒さび病　赤さび病　裸黒穂病　赤かび病　キリウジガガンボ　アブラムシ
	トウモロコシ	植物特性	原産地・植物分類（自然分類生育特性）　雄穂・雌穂　Ｆ１品種　キセニア　分げつ　収穫後の食味変化
		主要品種	
		栽培管理	基本的な栽培管理　マルチング　播種　間引き　中耕　追肥　土寄せ　除房　積算温度
		病害虫防除	アワノメイガ　アブラムシ　ヨトウムシ　ネキリムシ
	ダイズ	植物特性	原産地・植物分類（自然分類生育特性）　栄養価　完熟種子　未熟種子　緑肥　飼料　根粒菌　連作障害　無胚乳種子
		種類・主要品種	早生（夏ダイズ）　中生（中間）　晩生（秋ダイズ）　遺伝子組み換え
		利用加工	無発酵食品　発酵食品
		栽培管理	基本的な栽培管理　播種　間引き　中耕　土寄せ
		病害虫防除	モザイク病　紫はん病　アオクサカメムシ　ホソヘリカメムシ　ダイズサヤタマバエ　フキノメイガ　マメシンクイガ
	ジャガイモ	植物特性	原産地・植物分類（自然分類生育特性）　根菜類　塊茎
		主要品種	男爵　メークイン
		利用加工	栄養と利用
		栽培管理	基本的な栽培管理　種いも切断　植え付け　（種いもの切断法）　追肥　中耕　除草　土寄せ　収穫適期
	サツマイモ	植物特性	原産地　植物分類（自然分類生育特性）　根菜類　塊根
		主要品種	ベニアズマ　高系14号　コガネセンガン　シロユタカ　紅赤　シロサツマ
		利用加工	栄養と利用
		栽培管理	基本的な栽培管理　マルチング　定植　中耕　除草　土寄せ　植え付け方法　キュアリング　生長点培養苗
		病害虫防除	黒斑病　ネコブセンチュウ　ネグサレセンチュウ
	稲作関連施設	育苗施設	共同育苗施設　出芽室　緑化室　硬化室
		もみ乾燥貯蔵施設	ライスセンター　カントリーエレベーター
	収穫・調整用機械その他	穀類の収穫調整用機械	自脱コンバイン　普通コンバイン　バインダ　穀物乾燥機　もみすり機　ライスセンター　カントリーエレベーター　ドライストア
		畑作物用収穫調製機械	堀取り機　ポテトハーベスタ　ビートハーベスタ　オニオンハーベスタ　ケーンハーベスタ　い草刈り取り機　茶園用摘採機　洗浄機　選別機　選果機　選果施設　予冷施設　貯蔵施設　低温貯蔵施設　CA 貯蔵施設
		病害虫防除	化学的防除　生物的防除　物理的防除　IPM 防除　防除履歴　農薬散布作業の安全　農薬希釈計算
野菜	野菜をめぐる動向		野菜の需給・生産・消費動向、加工・業務用野菜対応、野菜の価格安定対策
	トマト	植物特性	原産地・植物分類　園芸分類　生育特性　生食・加工　着果習性　成長ホルモン
		栽培管理	基本的な栽培管理　よい苗の条件　順化　（マルチング、定植、整枝、芽かき、摘心、摘果）　着花特性
		病害虫防除	疫病　葉かび病　灰色かび病　輪紋病　ウイルス病　アブラムシ　しり腐れ病　生理障害
	キュウリ	植物特性	原産地・植物分類　園芸分類　生育特性　雌花・雄花　ブルーム（果粉）　無胚乳種子　浅根性　奇形果

科目	作物名・領域	単元	細　目
野菜	キュウリ	栽培管理	基本的な栽培管理（播種、移植、鉢上げ、マルチング、誘引、整枝、追肥、かん水）台木
		病害虫防除	つる枯れ病　つる割れ病　炭そ病　うどんこ病　べと病　アブラムシ　ウリハムシ　ハダニ　ネコブセンチュウ
	ナス	植物特性	原産地　長花柱花　作型　品種
		栽培管理	ならし（順化）幼苗つぎ木　台木　訪花昆虫　更新せん定　ハダニ類・アブラムシ類　出荷規格　生理障害
		病害虫防除	半枯れ病　青枯れ病　いちょう病　ハダニ・コナラジミ・センチュウ
	ハクサイ	植物特性	原産地・植物分類　園芸分類　生育特性　結球性
		栽培管理	基本的な栽培管理（播種、間引き、鉢上げ、定植、中耕、追肥）
		病害虫防除	ウイルス病　軟腐病　アブラムシ　コナガ　モンシロチョウ　ヨトウムシ
	ダイコン	植物特性	原産地・植物分類　園芸分類　生育特性　生食・加工　根菜類　抽根性　岐根　す入り
		栽培管理	基本的な栽培管理（播種、間引き、追肥、中耕、除草、土寄せ）
		病害虫防除	苗立ち枯れ病　軟腐病　いおう病　ハスモンヨトウ　キスジノミハムシ　アブラムシ
	メロン	植物特性	原産地・植物分類　園芸分類　生育特性
		栽培管理	基本的な栽培管理　おもな病害虫
	スイカ	植物特性	原産地・植物分類　園芸分類　生育特性
		栽培管理	基本的な栽培管理　おもな病害虫
	イチゴ	植物特性	原産地・植物分類　園芸分類　生育特性
		栽培管理	基本的な栽培管理　おもな病害虫
	キャベツ	植物特性	原産地・植物分類　園芸分類　生育特性
		栽培管理	基本的な栽培管理　おもな病害虫
	レタス	植物特性	原産地・植物分類　園芸分類　生育特性
		栽培管理	基本的な栽培管理　おもな病害虫
	タマネギ	植物特性	原産地・植物分類　園芸分類　生育特性
		栽培管理	基本的な栽培管理　おもな病害虫
	ニンジン	植物特性	原産地・植物分類　園芸分類　生育特性
		栽培管理	基本的な栽培管理　おもな病害虫
	ブロッコリー・カリフラワー	植物特性	原産地・植物分類　園芸分類　生育特性
		栽培管理	基本的な栽培管理　おもな病害虫
	ホウレンソウ	植物特性	原産地・植物分類　園芸分類　生育特性
		栽培管理	基本的な栽培管理　おもな病害虫
	ネギ	植物特性	原産地・植物分類　園芸分類　生育特性
		栽培管理	基本的な栽培管理　おもな病害虫
	スイートコーン	植物特性	原産地・植物分類　園芸分類　生育特性
		栽培管理	基本的な栽培管理　おもな病害虫
	園芸施設	園芸施設の種類	栽培施設　ガラス室　ビニルハウス　片屋根型　両屋根型　スリークオータ型　連棟式　単棟式　骨材　木骨温室　鉄骨温室　半鉄骨温室　アルミ合金骨温室　棟の方向　1棟の規模　屋根の勾配　硬質樹脂板　ガラス繊維強化ポリアクリル板　プラスチックハウス　塩化ビニル　酢酸ビニル　ポリエチレン　農ポリ　農PO　硬質フィルム　屋根型　半円型　鉄骨式　木骨式　パイプ式　移動式　固定式　パイプハウス　ベンチ式　ベッド式　養液栽培
		温室・ハウスの環境調節 選果貯蔵施設	温度の調節　保温　加温　温水暖房　温風暖房　ストーブ暖房　電熱暖房　加温燃料　電気　LPガス　灯油　A重油　養液栽培　換気　自然換気　強制換気　自動開閉装置　換気扇　冷房　冷水潅流装置　ミストアンドファン式　パッドアンドファン式　温室クーラー　細霧冷房　湿度加湿　ミスト装置　光の調節　潅水自動制御装置　植物育成用ランプ　遮光　土壌水分調節　潅水設備　共同選果場　非破壊選果　光センサ　糖度センサ　カラーセンサ　低温貯蔵施設　CA貯蔵施設　ヒートポンプ

科目	作物名・領域	単元	細　目
野菜	施設栽培	野菜の施設栽培	テンシオメータ　塩類集積　電気伝導度　客土　クリーニングクロップガス障害　二酸化炭素の施用　養液栽培　水耕　砂耕　NFT　ロックウール耕　噴霧耕　コンピュータ制御　養液土耕
	機械	省力機械	
	病害虫防除	病害虫防除の基礎	化学的防除　生物的防除　物理的防除　IPM　防除履歴　農薬散布作業の安全　農薬希釈計算
	その他		貯蔵・利用加工
花き	花きをめぐる動向		花きの特性、生産・流通・消費動向、輸出入動向
	花の種類	１年草	アサガオ　ヒマワリ　マリーゴールド　コスモス　ケイトウ　ナデシコ　パンジー　ビオラ　プリムラ類　ベゴニア類　サルビア　ハボタン　ジニア　コリウス
		２年草	カンパニュラ
		宿根草	キク　カーネーション　シュッコンカスミソウ　キキョウ　ジキタリス　オダマキ
		球根類	チューリップ　ユリ　ヒアシンス　グラジオラス　フリージア　クロッカス　シクラメン　カンナ　ラナンキュラス　アルストロメリア　ダリア
		花木	バラ　ツツジ　ハイドランジア　ツバキ
		ラン類	シンビジウム　カトレア　ファレノプシス　デンドロビウム　オンシジウム
		多肉植物	カランコエ　アロエ　サボテン類
		観葉植物	シダ類　ポトス　フイカス類　ヤシ類　ドラセナ類
		温室植物	ポインセチア　ハイビスカス　セントポーリア　ミルトニア　シャコバサボテン
		ハーブ類	ラベンダー　ミント類
		緑化樹・地被植物	コニファー類　ツタ
	花きの基礎用語	植物特性	陽生植物　陰生植物　ロゼット　光周性　バーナリゼーション
		花の繁殖方法	種子繁殖　栄養繁殖　さし芽　取り木　株分け　分球　接ぎ木　微粒種子　硬実種子　明発芽　暗発芽　植物組織培養　セル成型苗
		容器類	育苗箱　セルトレイ　プラ鉢　ポリ鉢　素焼き鉢
		用土	黒土　赤土　鹿沼土　ピートモス　腐葉土　水苔　バーミキュライト　パーライト　軽石　バーク類
		潅水方法	手潅水　チューブ潅水　ノズル潅水　底面給水　腰水マット給水　ひも給水
	栽培基礎	栽培	種子繁殖方法　植え方　鉢間　肥培管理　EC　pH　植物調整剤　開花調節（電照　遮光（シェード））DIF　栄養繁殖方法　養液土耕　種苗法　色素　茎頂培養　植物ホルモン　品質保持剤　セル生産システム　自動播種機　ガーデニング
	シクラメン	植物特性	球根（塊茎）サクラソウ科　種子繁殖　品種系統
		栽培管理	基本的な栽培管理　たねまき　生育適温　移植・鉢あげ・鉢替　葉組み　遮光
		病害虫防除	軟腐病　葉腐細菌病　灰色かび病　炭疽病　ハダニ　アザミウマ
	プリムラ類	植物特性	品種系統　ポリアンサ　オブコニカ　マラコイデス
		栽培管理	たねまき　生育適温　移植・鉢あげ・鉢替　遮光
	キク	植物特性	切り花　鉢花（ポットマム・クッションマム）品種系統　夏ギク　夏秋ギク　秋ギク　寒ギク
		栽培管理	基本的な栽培管理　さし芽　苗作り　摘心　摘芽・摘らい　ネット張り　電照等
		病害虫防除	黒斑病　えそ病　白さび病　うどんこ病　アザミウマ（スリップス）類　アブラムシ類　ハダニ類
	カーネーション	植物特性	切り花　品種系統　スタンダード　スプレー　ダイアンサス
		栽培管理	基本的な栽培管理　さし芽　苗作り　摘心　摘芽・摘らい　ネット張り
		病害虫防除	茎腐れ病　さび病　ハダニ類　アザミウマ（スリップス）類　萎ちょう病

科目	作物名・領域	単元	細　目
花き	バラ	植物特性	切り花　品種系統　ハイブリッド
		栽培管理	基本的な栽培管理　さし芽　苗作り　摘心　摘芽・摘らい　ネット張り
		病害虫防除	黒点病　うどんこ病　べと病　根頭がんしゅ病　アブラムシ類　ハダニ類　アザミウマ（スリップス）類
	ユリ	植物特性	オリエンタルハイブリッド　アジアティックハイブリッド　基本的な栽培管理
	ラン	植物特性	品種登録名　着生種・地生種
	切り花一般	種類と栽培基礎	ユリ・カスミソウ・ストック・ユーストマ
	ポストハーベスト	鮮度保持	STS　鮮度保持剤　保冷　エチレン　低温流通
	園芸施設	園芸施設の種類	栽培施設　ガラス室　ビニルハウス　片屋根型　両屋根型　スリーコーター型　連棟式　単棟式　骨材　木骨温室　鉄骨温室　半鉄骨温室　アルミ合金骨温室　棟の方向　1棟の規模　屋根の勾配　硬質樹脂板　ガラス繊維強化ポリエステル板　アクリル板　プラスチックハウス　塩化ビニル　酢酸ビニル　ポリエチレン　屋根型　半円型　鉄骨式　木骨式　バイプ式　移動式　固定式　パイプハウス　ベンチ式　ベッド式　養液栽培
		温室・ハウスの環境調節	温度の調節　保温　加温　温水暖房　温風暖房　ストーブ暖房　電熱暖房　加温燃料　電気　LPガス　灯油　A重油　換気　自然換気　強制換気　自動開閉装置　換気扇　冷房　冷水潅流装置　ミストアンドファン式　パッドアンドファン式　温室クーラー　細霧冷房　湿度　加湿　ミスト装置　光の調節　潅水自動制御装置　植物育成用ランプ　遮光（シェード）　土壌水分調節　潅水設備
	施設栽培	草花の施設栽培	被覆資材　光線透過率　保温性　作業性　耐久性　耐侯性　側窓　天窓　間口　軒高　ヒートポンプ装置　複合環境制御システム
	機械	省力機械	自動播種機　土入れ機
	病害虫防除	病害虫防除の基礎	化学的防除　生物的防除　物理的防除　IPM　防除履歴　農薬散布作業の安全　農薬希釈計算
	その他		輸入花木
果樹	果樹をめぐる動向		果実の需給・生産・流通・消費動向、輸出入動向
	果樹の種類 生産現状	落葉性果樹	リンゴ　ナシ　モモ　オウトウ　ウメ　スモモ　クリ　クルミ　カキ　ブドウ　ブルーベリー　キウイフルーツ　イチジク
		常緑性果樹	カンキツ　ビワ
	果樹の栽培技術 果樹の基礎用語	成長	結果年齢　幼木・若木・成木・老木　休眠　生理的落果　自家受粉　和合性・不和合性　受粉樹　人工受粉　単為結果　葉芽・花芽　ウイルスフリー　結果習性　隔年結果　果実肥大・熟期促進処理
		枝	主幹　主枝　亜主枝　側枝　樹形　主幹系　変則主幹系　開心自然形　平たな　矮化仕立て　長果枝　中果枝　短果枝　頂部優勢　徒長枝
		栽培	袋かけ　かさかけ　摘らい　摘果　せん定（強せん定・弱せん定）　間引き・切り返し　誘引　摘心　袋掛け　環状はく皮　有機物施用　深耕　清耕法　草生法　マルチング　潅水　3要素の影響　元肥　追肥　春肥（芽だし肥）　夏肥（実肥）　秋肥（礼肥）　葉面散布　台木　穂木　枝接ぎ　芽接ぎ　休眠枝さし　緑枝さし　糖度計　ECメーター　テンシオメーター　カラーチャート　スプリンクラー　スピードスプレヤー　光センサー　糖（果糖　ブドウ糖　ショ糖　ソルビトール）　酸（リンゴ酸　クエン酸　酒石酸）　風害　干害　凍霜害
	リンゴ	植物特性	適地　主要生産地
		品種	主要品種
		栽培管理 病害虫・生理障害	基本的な栽培管理　人工受粉　頂芽　摘らい　摘花　摘果　有袋栽培　無袋栽培　黒星病　斑点落葉病　ふらん病　炭そ病　アブラムシ　シンクイムシ類　ハマキムシ類　ハダニ類　粗皮病　ビターピット　縮果病

科目	作物名・領域	単元	細　目
果樹	ナシ	植物特性	ニホンナシ　セイヨウナシ　青ナシ・赤ナシ
		品種	主要品種
		栽培管理	基本的な栽培管理　芽かき　人工受粉　摘らい　摘花　摘果　袋かけ　ジベレリン処理
		病害虫・生理障害	黒星病　赤星病　シンクイムシ病
	ブドウ	植物特性	欧州種　米国種　欧米雑種　主要生産地
		品種	主要品種
		栽培管理 病害虫・生理障害	基本的な栽培管理　芽かき　誘引　摘心　花ぶるい　整房　摘房　摘粒　ジベレリン処理　袋かけ　かさかけ　せん定　黒とう病　晩腐病　べと病　灰色かび病　ブドウトラカミキリ　ブドウスカシバ　ドウガネブイブイ　ねむり病　花ぶるい
	カキ	植物特性	甘柿　渋柿　脱渋　雌花・雄花
		品種	主要品種
		栽培管理 病害虫・生理障害	基本的な栽培管理　摘らい　生理落果　摘果　夏季せん定　脱渋　炭素病　カキノヘタムシガ（カキミガ）
	モモ	植物特性	油桃（ネクタリン）　離核・粘核性　縫合性　双胚果　核割果
		品種	白鳳　白桃　あかつき　赤色系　白色系　黄色系
		栽培管理 病害虫・生理障害	基本的な栽培管理　人工受粉　摘らい　摘花　摘果　袋かけ　芽かき　縮葉病　シンクイムシ類　いや地（連作障害）樹脂病
	カンキツ	植物特性	原産地　生育特性　隔年結果　単為結果性
		主要種類	温州ミカン　ポンカン　雑柑　スイートオレンジ
		栽培管理 病害虫・生理障害	基本的な栽培管理　摘花　摘果　土壌流ぼう防止　水分調整　施肥　かいよう病　そうか病　黒点病　浮き皮
	ブルーベリー	特性・管理	ツツジ科　ハイブッシュ　ラビットアイ　土壌（酸性）防鳥　収穫
	オウトウ・スモモ	特性・管理	
	園芸施設	園芸施設の種類	栽培施設　ガラス室　ビニルハウス　片屋根型　両屋根型　スリーコーター型　連棟式　単棟式　骨材　木骨温室　鉄骨温室　半鉄骨温室　アルミ合金骨温室　棟の方向　１棟の規模　屋根の勾配　硬質樹脂板　ガラス繊維強化ポリアクリル板　ビニルハウス　プラスチックハウス　塩化ビニル　酢酸ビニル　ポリエチレン　屋根型　半円型　鉄骨式　木骨式　パイプ式　移動式　固定式　パイプハウス　棚栽培　養液栽培　根域制限（容器栽培）
		温室・ハウスの環境調節	温度の調節　保温　加温　温水暖房　温風暖房　ストーブ暖房　電熱暖房　加温燃料　電気　LP ガス　灯油　A 重油　換気　自然換気　強制換気　自動開閉装置　換気扇　冷房　冷水潅流装置　ミストアンドファン式　パッドアンドファン式　温室クーラー　細霧冷房　湿度　加湿　ミスト装置　光の調節　潅水自動制御装置　植物育成用ランプ　遮光　土壌水分調節　潅水設備　排水施設
		選果貯蔵施設	共同選果場　非破壊選果　光センサ　糖度センサ　カラーセンサ　低温貯蔵施設　CA 貯蔵施設
	施設栽培	果樹の施設栽培	丸屋根式・単棟　丸屋根式・連棟　両屋根式・単棟　両屋根式・連棟　超早期加温　早期加温　標準加温　後期加温　休眠打破　根域制限栽培（コンテナ・ボックス）　養液栽培　マルチング栽培　貯蔵とキュアリング
	果樹用の機械		
	病害虫防除	病害虫防除の基礎	化学的防除　生物的防除　物理的防除　IPM　防除履歴　農薬散布作業の安全　農薬希釈計算
	その他		貯蔵・利用加工
畜産	畜産をめぐる動向		家畜の飼養動向、畜産物の需給動向、畜産物の輸出入動向、畜産経営安定対策
	ウシ	品種	乳牛　（ホルスタイン・フリージアン種　ジャージー種　ガンジー種　エアシャー種　ブラウン・スイス種　）
			肉牛　（黒毛和種　無角和種　褐毛和種　日本短角種　海外の主要肉用牛品種）

科目	作物名・領域	単元	細目
畜産	ウシ	外ぼう　生理・解剖	各部の名称　乳器　体型の測定法　消化器　メスの生殖器
		病気	結核　ブルセラ病　鼓脹症　乳房炎　乳熱　カンテツ症　低マグネシウム血症　ケトーシス　第４胃変位　フリーマーチン　ルーメンアシドーシス　炭疽　牛海綿状脳症（BSE）　口蹄疫
	ブタ	品種	ランドレース種　ハンプシャー種　大ヨークシャー種　デュロック種　バークシャー種　中ヨークシャー種
		外ぼう　繁殖 生理・解剖	各部の名称　消化器　メスの生殖器
		病気	豚熱　豚丹毒　萎縮性鼻炎　トキソプラズマ病　日本脳炎　寄生虫　豚流行性肺炎　オーエスキー病　口蹄疫
	ニワトリ	品種	卵用種　白色レグホーン種
			肉用種　白色コーニッシュ種　白色プリマスロック種
			卵肉兼用種　横はんプリマスロック種　ロードアイランドレッド種　名古屋種
		その他品種	観賞用種　JAS 地鶏　等
		外ぼう	各部の名称
		生理・解剖	骨格　産卵鶏の生殖器　消化器
		病気	ひな白痢　ニューカッスル病　鶏痘　鶏白血病　鶏ロイコチトゾーン症　マレック病　呼吸器性マイコプラズマ病
			鶏コクシジウム症　鶏伝染性気管支炎　鶏伝染性こう頭気管炎　寄生虫　高病原性鳥インフルエンザ　伝染性コリーザ
	家畜の飼育	飼育の基礎	役畜　草食動物　肉食動物　雑食動物
		家畜の育種	形質の遺伝　選抜　交配　改良目標　審査・登録
		家畜の繁殖と生理	解剖と生理　繁殖とホルモン　生殖細胞　発情と発情周期（性周期）　人工授精　精液　妊娠と分娩　繁殖障害　妊娠期間　初乳成分　胚移植技術
		家畜の栄養と飼料	栄養素　代謝　消化吸収　飼養標準　飼料の加工処理　飼料の貯蔵　飼料の種類と特性　無機質飼料　単胃動物　反すう動物　飼料要求率　TDN
		飼料作物・飼料	牧草　粗飼料　濃厚飼料　青刈作物　サイレージ　乾草　ヘイレージ　穀類　植物性油粕類　ぬか類　製造粕類　動物質飼料　草地と放牧
		家畜の管理	家畜の生産と環境　育成管理　家畜の健康管理　糞尿処理　生産指標（計算を含む）
		用具・器具 繁殖用具 衛生用具	標識　脚帯ペンチ　耳標装着器　耳刻器　削蹄用具　ふ卵器　給餌器　給水器　検卵器　育すう器　洗卵選別器　デビーカー　牛鼻かん　牛鼻かん子　体尺計　キャリパー　ミルカー　スタンチョン　バルククーラ　カウトレーナー　胴締器　観血去勢器　無血去勢器　除角用具　人工授精用具　ストローカッター　凍結精液保存器　子宮洗浄用具　聴診器　導乳管　胃カテーテル　外科刀　外科ばさみ　毛刈りばさみ　膣鏡　開口器　血球計算盤　集卵器　縫合針　縫合糸　持針器　連続注射器　ストリップカップ　ティートディップビン
		家畜の衛生 薬剤 ワクチン ホルモン剤	家畜衛生関係法規　疾病の原因と予防　消毒の原理と方法　健康診断法（体温、呼吸、脈拍、糞尿等）　抗生物質　ヨードチンキ　逆性石けん　クレゾール石けん　消毒用アルコール　オルソ剤　寄生虫駆除剤　薬剤の調合・希釈　生ワクチン　不活化ワクチン　接種　卵胞刺激ホルモン（FSH）　LH（黄体形成ホルモン）　オキシトシン　ヒト絨毛性性腺刺激ホルモン（hCG）　妊馬血清性性腺刺激ホルモン（PMSG）　プロスタグランジンＦ２α（PGF ２α）
	畜産物の利用	乳	乳成分　牛乳　チーズ　バター　ヨーグルト　アイスクリーム　殺菌法
		肉	枝肉（牛・豚）　枝肉歩留　脂肪交雑　ハム　ソーセージ　ベーコン　枝肉格付け
		卵	鶏卵の構造　鶏卵の品質　マヨネーズ

科目	作物名・領域	単元	細 目
畜産	施設・機械	酪農施設	スタンチョン方式　フリーストール方式　タイストール方式　ルーズバーン方式　カーフハッチ　ペン　サイロ　ミルキングパーラ　バーンクリーナ　バーンスクレーパ
		養豚施設	ウィンドウレス豚舎　開放豚舎　おが粉豚舎　繁殖豚房　分娩豚房　子豚育成豚房　雄豚房　群飼房　肥育豚房　分娩柵　デンマーク式豚舎　すのこ式豚舎　SPF 豚舎
		養鶏施設	自動除糞機　ウインドウレス鶏舎　開放鶏舎　自動集卵機　ケージ鶏舎　平飼い鶏舎　バタリー式
		飼料用収穫調製機械	飼料作物の栽培などに利用する農業機械（フォレージハーベスタ　コーンハーベスタ　モーアコンディショナ　ヘイコンディショナ　ヘイテッダ　ヘイレーキ　ロールベーラ　マニュアスプレッダ　ディスクモーア　など）
食品	食品をめぐる動向		食料消費をめぐる変化　食品表示・安全対策の動向
	農産物加工の意義	目的と動向	食品の特性　貯蔵性　利便性　嗜好性　簡便性　栄養性
	食品加工の基礎	食品の分類	食品標準成分表　乾燥食品　冷凍食品　塩蔵・糖蔵食品　ビン詰・缶詰・レトルト食品　インスタント食品　発酵食品
		栄養素	炭水化物　脂質　タンパク質　無機質　ビタミン　機能性
		食品成分分析	基本操作　基本的な分析法　水分　タンパク質　脂質　炭水化物　還元糖　無機質　ビタミン　pH　比重　感応検査　テリスチャー
	食品の変質と貯蔵	変質の原因	生物的要因　発酵と腐敗　微生物検査　物理的要因　化学的要因
		貯蔵法	貯蔵法の原理　乾燥　水分活性　低温　低温障害　MA 貯蔵　殺菌　微生物の耐熱性　浸透圧　pH　くん煙　抗酸化物質
	食品衛生	食中毒	食品衛生　食中毒の分類　有害物質による汚染　食品による感染症・アレルギー　食品添加物
		衛生検査	異物検査　微生物検査　水質検査　食品添加物検査
	食品表示と包装	法律	食品表示法　食品衛生法　JAS 法　健康増進法　製造物責任法
		包装	包装の目的・種類　包装材料　包装技術　包装食品の検査　包装容器リサイクル法
	農産物の加工	穀類	米　麦　トウモロコシ　ソバ　デンプン　タンパク質　米粉　小麦製粉　餅　パン　菓子類　まんじゅう　めん類　加工法
		豆類・種実類	大豆　落花生　あずき　インゲン　脂質　タンパク質　ゆば　豆腐・油揚げ　納豆　みそ　しょうゆ　テンペ　あん　もやし　加工法
		いも類	ジャガイモ　サツマイモ　いもデンプン　ポテトチップ　フライドポテト　切り干しいも　いも焼酎　こんにゃく　加工法
		野菜類	成分特性　鮮度保持　冷凍野菜　カット野菜　漬物　トマト加工品
		果樹類	成分特性　糖　有機酸　ペクチン　ジャム　飲料　シロップ漬け　乾燥果実　カット果実
	畜産物の加工	肉類	肉類の加工特性　ハム　ソーセージ　ベーコン　スモークチキン　塩漬　くん煙
		牛乳	牛乳の加工特性　脂肪　タンパク質　検査　牛乳　発酵乳　乳酸菌飲料　チーズ　アイスクリーム　クリーム　バター　練乳　粉乳
		鶏卵	鶏卵の構造　鶏卵の加工特性　マヨネーズ　ゆで卵　ピータン
	発酵食品	微生物	発酵　腐敗　細菌　糸状菌　酵母
		みそ・しょうゆ	製造の基礎　原料　麹　酵母
		酒類	製造の基礎　酵素　ワイン　ビール　清酒　蒸留酒
	製造管理	機械装置	加熱装置　熱交換器　冷却装置
		品質管理	品質管理の必要性　従業員の管理と教育　設備の配置と管理
		作業体系	作業体系の点検と改善　ISO　HACCP

（注）２級の出題領域表は、「農作業の栽培管理等が可能な基本レベル」としての目安としての例示ですので、実用面を考慮してこれ以外から出題されることもあります。

２０１９年度　第1回（7月１３日実施）

日本農業技術検定　２級　試験問題

◎受験にあたっては、試験官の指示に従って下さい。
指示があるまで、問題用紙をめくらないで下さい。
◎受験者氏名、受験番号、選択科目の記入を忘れないで下さい。
◎問題は全部で５０問あります。１～１０が農業一般、１１～５０が選択科目です。
選択科目は１科目だけ選び、解答用紙に選択した科目をマークして下さい。
選択科目のマークが未記入の場合には、得点となりません。
◎すべての問題において正答は１つです。１つだけマークして下さい。
２つ以上マークした場合には得点となりません。
◎試験時間は６０分です（名前や受験番号の記入時間を除く）。

【選択科目】

解答一覧は、「解答・解説編」（別冊）の２ページにあります。

日付			
点数			

農業一般

1 □□□

米消費に関する次の説明として、（A）～（C）に入る、最も適切な語句の組み合わせを選びなさい。

> 外食・中食向けの（　A　）は、主食用米の需要全体の（　B　）超を占めており、今後も堅調な需要が見込まれている。しかしながら農業者は価格の高い（　C　）の生産意欲が高く、値頃感を重視する実需者からは希望する価格での調達が難しいとの声が出され、米需給のミスマッチが生じている。

	A	B	C
①	良品質米	5割	業務用需要米
②	新規需要米	4割	良品質米
③	加工米	3割	主食用米
④	業務用需要米	3割	良品質米
⑤	業務用需要米	5割	飼料用米

2 □□□

2017年に改正されたJAS法で新たに制定された規格はどれか選びなさい。

①品質表示
②賞味期限
③生産方法・取扱方法
④汚染防止等
⑤加工食品

3 □□□

食品添加物に関して（　　）内にあてはまる語句として、最も適切なものを選びなさい。

「食品添加物は食品衛生法によって、指定添加物・既存添加物・（　　）および一般飲食物添加物に分類されている。」

①天然香料
②酸化防止剤
③ビタミン類
④品質改良材
⑤栄養強化剤

4 □□□

次の図は、取引の８要素の仕訳を示したものである。（　　）内に適する語句の組み合わせはどれが適切か、次の中から選びなさい。

借方	貸方
（　A　）の増加	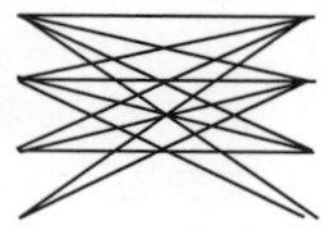 （　A　）の減少
（　B　）の減少	（　B　）の増加
（　C　）の減少	（　C　）の増加
（　D　）の発生	（　E　）の発生

	A	B	C	D	E
①	資　産	負　債	資　本	費　用	収　益
②	資　産	負　債	資　本	収　益	費　用
③	負　債	資　本	資　産	費　用	費　用
④	負　債	資　産	資　本	費　用	収　益
⑤	資　本	資　本	負　債	費　用	費　用

5 □□□

収益の総額から費用の総額を差し引いて、当期純利益（当期純損失）を求める計算法に基づき、１会計期間の経営成績を明らかにしたものを何というか、最も適切なものを選びなさい。

①損益計算書
②精算表
③総勘定元帳
④仕訳帳
⑤決算書

6 □□□

市町村等が、農地中間管理機構を活用した担い手への農地の集積・集約化、地域農業のあり方等を話し合い、結果をとりまとめたものとして、最も適切なものを選びなさい。

①人・農地プラン（地域農業マスタープラン）
②農林水産業・地域の活力創造プラン
③経営再開マスタープラン
④田園環境整備マスタープラン
⑤水とみどりの「美の里」プラン21

7 □□□

次の文章の（A）～（C）に入る語句として、最も適切な組み合わせを選びなさい。

「わが国の食料自給率は、昭和40（1965）年度にカロリーベースで73%であったが、平成28（2016）年度は（　A　）%で推移し、先進国では最低の水準である。特に、（　B　）の自給率は10%台で極端に低い。近年、食料自給率に代わって、食料の潜在的供給能力を示す（　C　）が注目されるようになった。」

	A	B	C
①	39	小麦	食料潜在力
②	48	砂糖類	食料供給力
③	29	飼料作物	食料自給力
④	38	小麦	食料自給力
⑤	49	砂糖類	食料供給力

8 □□□

農業簿記における次の仕訳で、最も適切なものを選びなさい。

「期末の棚卸しで今年産の米50万円相当が売れ残り、次期に繰り越した。」

①	繰越農産物	500,000	米収益	500,000
②	米収益	500,000	繰越農産物	500,000
③	未収収益	500,000	米収益	500,000
④	未収収益	500,000	繰越農産物	500,000
⑤	売掛金	500,000	米収益	500,000

9 □□□

平成31（2019）年からスタートする収入保険制度について、正しいものを選びなさい。

①対象者は青色申告を行っている農業者である。
②自然災害による収量減少の補てんのみをサポートするものである。
③対象品目は米、畑作物、野菜である。
④加入申請は市町村である。
⑤収入減少は基準収入の７割である。

10 □□□

食品表示法に基づく内閣府令が改正され、平成29（2017）年９月にすべての加工食品に義務づけられた表示として、最も適切なものを選びなさい。

①原材料名
②原材料の産地
③内容量
④賞味期限
⑤保存方法

選択科目（作物）

11 □□□

種もみの準備について、最も適切なものを選びなさい。

①種もみの大きさが揃っているので比重選は必要がない。
②芒(ぼう)を取り除く脱芒(だつぼう)作業は行ってはならない。
③毎年水田で病害虫防除しているので、種子消毒は必要ではない。
④由来のはっきりしない自家採種等の種子は混種の危険性があるので注意を要する。
⑤コンバイン収穫では選別が良いので自家採種でも新たに選別の必要はない。

12 □□□

種もみの発芽条件として、最も適切なものを選びなさい。

①発芽のためには、種もみの重さの約25％の水を吸収する必要がある。
②種もみは、積算温度1000℃で発芽する。
③発芽の適温は40～44℃である。
④発芽のためには、種もみの重さの約40％の水を吸収する必要がある。
⑤発芽の適温は10～13℃である。

13 □□□

イネのプール育苗に関する説明として、最も適切なものを選びなさい。

①かん水作業が省力化できる。
②箱底の穴が大きく育苗箱が適し、そのまま使う。
③水を張るため、育苗床土は多くする。
④病気が発生しやすくなる。
⑤肥料の育苗箱全量元肥施用、農薬の床土混和や育苗箱施薬は苗に全く影響がない。

14 □□□

イネの元肥施肥で窒素利用効率が最も高くなる種類と施肥方法に関する説明として、適切なものを選びなさい。

①元肥には被覆尿素を用いて、表面施肥を行った。
②元肥には硫安を用いて、表面施肥を行った。
③元肥には被覆尿素を用いて、側条施肥を行った。
④元肥には硫安を用いて、側条施肥を行った。
⑤元肥には被覆尿素を用いて、全層施肥を行った。

15 □□□

水稲の水管理に関する説明として、最も適切なものを選びなさい。

①イネの一生の中で水を最も必要とする時期は、移植後～活着までと穂ばらみ期～糊熟期頃までである。
②移植後すぐに浅水管理とし、活着後、深水にして分げつの発生をうながす。
③最高分げつ期頃に行う中干しは、無効分げつの発生を促進する。
④出穂開花期は水を必要としない時期なので、湛水(たんすい)する必要はない。
⑤登熟後期まで水を必要とするため、収穫間際まで湛水する。

16 □□□

イネの分げつに関する説明として、最も適切なものを選びなさい。

①分げつ数は品種により違いが大きいが、同じ品種であれば分げつ数は同じである。
②一般に疎植、多窒素、浅水、強日射の条件下では分げつが少なくなる。
③分げつの出方には規則性はない。
④分げつの一部は最高分げつ期を過ぎる頃から株内や株間の養分や光の競争が強くなるため、穂をつけることなく枯死する。
⑤本田移植から最高分げつ期までの日数は温度、日長、窒素栄養などの条件により変動し、寒地で短く、窒素吸収量が多いほど短くなる。

17 □□□

水田の説明として、最も適切なものを選びなさい。

①収量の多い水田の作土は、5～10cm の厚さである。
②作土から下への漏水を防ぐために、畦ぬりをする。
③水田の水には、水の保温力でイネを寒さから守るはたらきがある。
④水田の1日当たりの水の減り方（減水深）は、50～80mm くらいがよい。
⑤代かきは丹念に行うほど、通気性がよくなる。

18 □□□

イネの出穂に関する説明として、最も適切なものを選びなさい。
①１株の40～50％の茎が出穂した時期を穂ぞろい期という。
②穂が大きくなって葉鞘（しょう）がふくれる時期を穂ばらみ期という。
③１株の約90％が出穂した時期を出穂期という。
④１株の10～20％が出穂した日を出穂期という。
⑤１株の40～50％の茎が出穂した時期を出穂始めという。

19 □□□

イネの直まき栽培に関する説明として、最も適切なものを選びなさい。
①直まき栽培は移植栽培と同様の育苗作業が必要である。
②直まき栽培は湛水して直まきする方法で、乾田ではできない。
③イネは水に強ため、湛水して土中に直まきしても腐敗しない。
④種もみに過酸化カルシウムを被覆し、土中にまくと酸素が供給される。
⑤日本では直まき栽培は条まき方法しか定着しなかった。

20 □□□

イネ苗を条間30cm、株間10cmで移植した。この条件の栽植密度で正しいものを選びなさい。
①栽植密度は、１株／㎡
②栽植密度は、３株／㎡
③栽植密度は、10株／㎡
④栽植密度は、30株／㎡
⑤栽植密度は、33株／㎡

21 □□□

イネの移植時の殺虫剤（粒剤）の使用法として、正しいものを選びなさい。
①育苗箱１箱当たりの散布量を守る。
②苗の葉に露が付いていたが、そのまま散布した。
③育苗箱１箱の散布量を守れば多少のムラがあっても効果に違いはない。
④散布後は葉の上の粒剤をそのままで移植した。
⑤薬剤は苗に影響を与えないので、苗の状態に注意する必要はない。

22 □□□

イネのいもち病について次の文の（A）～（C）に入る語句として、最も適切な組み合わせを選びなさい。

「いもち病は、曇雨天が続くようなときに追肥などにより（A）となったとき、または（B）で通気性が悪い状況で発生しやすい。また、いもち病には葉もち、穂もちなどがあり、（C）をする。」

	（A）	（B）	（C）
①	リン酸過剰	疎　植	土壌伝染
②	窒素過剰	密　植	種子伝染
③	カリ過剰	疎　植	空気伝染
④	窒素過剰	密　植	水媒伝染
⑤	カリ過剰	密　植	空気伝染

23 □□□

水稲除草剤の使い方に関する説明として、最も適切なものを選びなさい。

①水稲除草剤は様々な雑草に防除効果が高いので、除草剤は使用時期だけで選択する。
②田面のでこぼこは自然に治るので特に均平にする必要がない。
③除草剤の散布後７日間は落水やかけ流しをしない。
④除草剤の説明書はどの除草剤も同じであるため、以前使った方法で行う。
⑤水稲除草剤は苗に影響を与えないので、苗の状態や植え方に注意する必要はない。

24 □□□

水稲に被害を及ぼすミズアオイ科の雑草として、正しいものを選びなさい。

①　②　③　④　⑤

25 □□□

ヒメトビウンカなどの媒介によって発生するウイルス病で、本田のごく初期にかかると、新葉が黄白色になり、こよりのように巻いて垂れる症状を呈する病気として、正しいものを選びなさい。

①縞(しま)葉枯れ病
②白葉枯れ病
③苗立枯れ病
④いもち病
⑤紋枯れ病

26 □□□

不完全米の種類について、最も適切なものを選びなさい。
①「しいな」とは、米粒の登熟がかなり進んだ段階で登熟を停止したものである。
②茶米とは、刈取り後の稲株の堆積や生もみの貯蔵で、菌が胚乳内部にまで侵入・繁殖し褐色、赤黒色などに変色したものである。
③焼け米とは、高温で乾燥しすぎて米粒にき裂が入ってしまったものである。
④死米とは、受精後初期に発育を停止したもので、ほとんど玄米が発達していないものである。
⑤青米とは、果皮に葉緑体が残っているために緑色をした粒である。

27 □□□

米のデンプンに関する説明として、最も適切なものを選びなさい。
①子実以外の部分に多く含まれている。
②アミロース含量が多いと粘りが強くなる。
③水を加えて加熱するとデンプンが糊化し消化しやすくなる。
④高温・多日照の年はアミロース含量が多くなりやすい。
⑤数種類のアミノ酸が縮合した物で美味しさの元になっている。

28 □□□

麦類の栽培管理について、最も適切なものを選びなさい。
①播種は早まきした方が、幼穂の発育が進むため早まきが望ましい。
②麦類は、湿った土壌を好むため水はけの悪い土壌に栽培する。
③麦踏みは、節間伸長し始めてから行うと、生育が良くなる。
④コムギの収穫適期は、一般的に出穂後40～45日である。
⑤麦類の害虫でもあるキリウジガガンボは水に弱いため、水はけの悪い土壌に栽培する。

29 □□□

麦類の栽培に関する説明として、最も適切なものを選びなさい。
①土壌 pH が低い酸性を好むため石灰は施用しない。
②栽培は地下水位が高く排水しにくい圃場が適し、根が多く張る。
③水持ちが良くなるよう、砕土率を低く、直径２㎝以上の極力大きな土塊を残す。
④播種深度は、土壌が乾燥している場合は極浅くする。
⑤降雨直前や直後の播種は、酸素不足で発芽率が低下しやすい。

30 □□□

麦類の栽培に関する説明として、最も適切なものを選びなさい。

①連作しても土壌病害の発生や収量低下は見られず、連作しやすい作物である。

②寒地では、秋まき性の高い品種が栽培される。

③冷涼な気候を好むので、播種は気温が3℃くらいまで下がった頃が適期である。

④一般に、元肥を十分施用すれば、追肥は省略しても収量は変わらない。

⑤播種の深さは生育、収量への影響は小さいので、あまり気にする必要はない。

31 □□□

麦類の病気で人や家畜が食べると中毒を起こす病気として、正しいものを選びなさい。

①裸黒穂病

②赤さび病

③黒さび病

④うどんこ病

⑤赤かび病

32 □□□

麦類の利用に関する説明として、最も適切なものを選びなさい。

①コムギはパン加工の他に麦飯や麦茶で食する。

②オオムギはビールやウイスキーの原料になる。

③オオムギのデュラム種はスパゲティの原料になる。

④エンバクの子実は人が食べられないので青刈りで利用する。

⑤ライムギはオートミールの原料になる。

33 □□□

トウモロコシに関する次の説明として、最も適切なものを選びなさい。

①雌雄同株で、雄花・雌花が同時に開花する。

②絹糸は収穫時期の目安以外特別な機能はない。

③もち性トウモロコシはない。

④受粉は主として風（風媒）による。

⑤イネ科の1年生でイネと同様C 3型光合成植物である。

34 □□□

スィートコーンの栽培に関する説明として、最も適切なものを選びなさい。
①肥料の吸収力が強いので10a 当たり元肥窒素は３ kg と少なくし、追肥は施用しない。
②自家受精を行うので、１ほ場に数多くの品種を栽培できる。
③一般に３～５本程度の分げつが発生するので、すべて除去する。
④畑作物なので水分不足に強く、ほとんどかん水の必要はない。
⑤収穫適期は、乳熟期から糊熟期にかけて、子実の水分含量が70％前後になった頃である。

35 □□□

トウモロコシのキセニアの説明として、最も適切なものを選びなさい。
①トウモロコシは他の品種と容易に交雑をしない。
②スィートコーンはデントコーンの花粉で受精すると甘みが増す。
③他の品種のトウモロコシから100～200m ほど離して栽培する。
④スィートコーンはフリントコーンの花粉で受精すると子実が軟質になる。
⑤他の品種のトウモロコシから10～20m ほど離して栽培する。

36 □□□

トウモロコシの茎を食害する害虫の名称として、正しいものを選びなさい。
①アワノメイガ
②ネキリムシ
③ヨトウムシ
④ハスモンヨトウ
⑤マメシンクイガ

37 □□□

写真のトウモロコシの病気名として、正しいものを選びなさい。

①すじ萎縮病
②黒穂病
③すす紋病
④ごま葉枯れ病
⑤倒伏細菌病

38 □□□

ダイズの栄養と利用に関する説明として、最も適切なものを選びなさい。

①子実はタンパク質が多いが、脂肪が少なく、栄養価は低い。
②子実はビタミンＢ１・Ｅやイソフラボン、サポニンなどを含み、機能性食品として注目されている。
③輸入ダイズは主に豆腐、納豆、味噌、醤油、煮豆などの食品原料として利用される。
④ダイズの脱脂後のかすは飼料として多く利用されるが、栄養価は高くない。
⑤国産ダイズは発酵食品の原料としては、あまり適さない。

39 □□□

ダイズの特性と栽培管理に関する説明として、最も適切なものを選びなさい。

①ダイズは連作障害が起きにくい作物であるため、同じ場所に作付けができる。
②ダイズは酸性土壌を好むため、雨量の多い土地に栽培する。
③ダイズの種子は有胚乳種子で胚と胚乳から構成される。
④ダイズはタンパク質と炭水化物を多く含むため、食品としての栄養価が高い。
⑤ダイズは根茎に根粒を形成するため、窒素肥料を多く与える必要がない。

40 □□□

ダイズの栽培管理に関する説明として、最も適切なものを選びなさい。

①初期生育を旺盛にするため、窒素は10a当たり成分量10kgと多く施用する。
②酸性を好むので、石灰は施用しない。
③遅まきしたときは、一株の生育量を大きくするために疎植とする。
④湿害には弱いので、水田転換畑では排水対策を十分行う。
⑤コンバン収穫は湿度の高い朝または夕方がよい。

41 □□□

ダイズのカメムシ類による被害として、最も適切なものを選びなさい。
①若莢に産卵し、ふ化した幼虫が莢を食害するため、莢の成長が停止する。
②口針を子実や莢、葉に刺して吸汁する。莢の黄化や子実の肥大が阻害される。
③７月中旬頃、莢に産卵し、ふ化後、幼虫が莢に入り子実を食害する。
④成虫が夜間に葉を食害する。
⑤出芽直前の吸水した種子や出芽直後の苗を幼虫が食害する。

42 □□□

ジャガイモ栽培に関する説明として、最も適切なものを選びなさい。
①種いもは、芽の配列に関係なく、いもの大きさを揃えて切るとよい。
②植え付けする際は、ほう芽を促進させるため、覆土はしない。
③ほう芽を促進させるため、種いもに隣接して施肥するとよい。
④初期生育を促進させるため、浴光催芽をするとよい。
⑤種いもの切断は植え付けの直前に行わなければならない。

43 □□□

ジャガイモの栽培管理に関する説明として、最も適切なものを選びなさい。
①露出による塊茎の緑化を図るため、土寄せは行わない。
②ジャガイモは病害虫に強い作物であるため、防除は必要ない。
③土寄せは塊茎の過剰肥大を抑え、発根を止める。
④多湿な土壌でも生育するため、排水性や通気性を気にする必要はない。
⑤土寄せ（培土）は、排水がよくなり、えき病による塊茎の腐敗防止効果もある。

44 □□□

ジャガイモの収穫管理に関する説明として、最も適切なものを選びなさい。
①ジャガイモの用途は生食用が約６割、デンプン用が約４割である。
②収穫したジャガイモは、収穫後呼吸をしない。
③収穫後はキュアリングを行うため、温度40℃、湿度50％の環境下に貯蔵する。
④ソラニンという有毒物質の増加を防ぐため、収穫後は日光にさらす必要がある。
⑤開花終了後、茎葉が黄化した頃が収穫適期である。

45 □□□

ジャガイモのそうか病に関する次の説明として、最も適切なものを選びなさい。
①酸性土壌で発病・被害が出やすい。
②塊茎の表面がかさぶた状の症状を示し、著しく減収する。
③デンプン含量と外観品質が低下する。
④伝染源は種いもで、土壌伝染はしない。
⑤病原菌は糸状菌の不完全菌類である。

46 □□□

サツマイモの貯蔵前に行うキュアリング処理の目的として、最も適切なものを選びなさい。
①いもの中のデンプンを糖化させ、甘味を増す。
②いもの表面に付いている病原菌の消毒。
③いもの表面に付いている害虫の駆除。
④収穫作業などでできた傷をコルク層で覆い、病原菌の侵入を防ぐ。
⑤いもを休眠状態にし、貯蔵中の萌芽を防止する。

47 □□□

焼酎（アルコール）原料用のサツマイモの品種として、最も適切なものを選びなさい。
①高系14号
②タマユタカ
③ベニアズマ
④紅赤
⑤コガネセンガン

48 □□□

作物と野生種を比較した場合の説明として、最も適切なものを選びなさい。
①作物は野生種に比べ、食用となる種子やいもの大きさは変わらない。
②作物は野生種に比べ、種子は脱粒しやすい。
③作物は野生種に比べ、発芽は不揃いである。
④作物は野生種に比べ、開花や成熟は不揃いである。
⑤作物は野生種に比べ、苦みや有毒成分が低下している。

49 □□□

20kg 入りの化成肥料の袋の表示に「5 −15−20」と記載してあった。20a の畑に10a 当たり30袋施肥する場合の窒素肥料分として正しいものを選びなさい。

①10kg
②30kg
③40kg
④60kg
⑤150kg

50 □□□

小型無人航空機（ドローン）に関する次の文章の空欄に当てはまる、正しい組み合わせを選びなさい。

「イネ栽培におけるドローンによる［ A ］散布が行われている。今後は、精密農業に向けハイパースペクトル［ B ］等を搭載し、葉緑素比率や水分ストレス等を計測した［ C ］調査や収穫時期判定、又は病害虫や［ D ］の発生状況調査を行い、結果をクラウドで解析・記録・管理するシステムが実用化されつつある。」

番号	A	B	C	D
①	農薬	噴霧器	収量	雑草
②	肥料	播種機	生育	ガス
③	農薬	カメラ	生育	雑草
④	肥料	カメラ	発生	雑草
⑤	農薬	カメラ	収量	ガス

選択科目（野菜）

11 □□□

次のトマトの養液栽培の説明として、最も適切なものを選びなさい。

①この栽培はたん液水耕による育苗と栽培風景である。
②この栽培はNFTによる育苗と栽培風景である。
③この栽培はロックウール耕による育苗と栽培風景である。
④この栽培は噴霧耕による育苗と栽培風景である。
⑤この栽培は砂耕による育苗と栽培風景である。

12 □□□

写真のトマト栽培で、この時期の栽培管理の説明として、最も適切なものを選びなさい。

①着果促進のためホルモン処理を行う。
②空洞化発生を防止するため高温で管理する。
③裂果を防ぐため乾燥とかん水を繰り返した。
④青枯れ病対策で土壌消毒を行う。
⑤しり腐れ果の発生が多くなるのでカルシウム剤を使用する。

13 □□□

キュウリ栽培の説明として、最も適切なものを選びなさい。
①雌花の発生を促進するためには、生育適温内では夜温を低く管理する。
②雌花の発生を促進するためには、生育適温内では夜温を高く管理する。
③長日の方が雌花の発生が多くなるため電照する。
④キュウリの肥大を促進するために人工授粉が行われている。
⑤キュウリに肥大と曲がり果の発生を少なくするためには乾燥状態に管理する。

14 □□□

キュウリ栽培の説明として、最も適切なものを選びなさい。
①キュウリではカルシウム不足になるとしり腐れ果が発生しやすくなる。
②キュウリのしり細り果は水分不足になると発生しやすくなる。
③キュウリのつる割れ病は生理障害である。
④キュウリのうどんこ病は空気が多湿になると発生が多くなる。
⑤キュウリのうどんこ病の対策として土壌消毒が有効である。

15 □□□

コーティング種子の説明として、最も適切なものを選びなさい。

①コーティング種子を利用すると発芽適温より高温で管理した方が発芽しやすい。
②レタスでコーティング種子を利用すると高温でも花芽分化しなくなる。
③コーティング種子は種子をデンプンや粘土などでおおい粒状にしたものである。
④ニンジンは毛があるため、コーティング種子は利用されていない。
⑤コーティング種子は、苗立ち枯れ病防止の農薬などを塗布することはできない。

16 □□□

レタス栽培の説明として、最も適切なものを選びなさい。

①レタスではコーティング種子をあまり利用しない。
②レタスは低温に感応すると花芽分化するので夏の高冷地では栽培できない。
③低温期は25℃以上で管理し発芽を促す。
④覆土は種子がかくれる程度に浅くする。
⑤覆土は種子の２～３倍にすると発芽率がよくなる。

17 □□□

ナスの生育に関する説明として、最も適切なものを選びなさい。

①ナスの生育がよいとき、花は長花柱花となる。
②ナスの生育がよいとき、花は短花柱花となる。
③長花柱花は落花しやすくなる。
④開花時の温度が20～30℃では正常な受粉･受精が行われないため落下する。
⑤開花時の温度を15℃以下になるよう管理すると、正常な受粉が行われ落下が少なくなる。

18 □□□

ダイコンのホウ素欠乏に関する説明として、最も適切なものを選びなさい。

①葉が濃淡のモザイク状になったり、縮んだりして生育が妨げられる。
②根が軟化・腐敗し、悪臭を放つ。
③中心に近い細胞の養分が欠乏してすき間が生じる。
④未熟な堆肥の使用や濃厚な肥料を使用すると発生が多くなる。
⑤根の表面に亀裂が生じるためかっ変し、さめ肌となってしまう。

19 □□□

野菜の品質低下を防ぐ技術のなかで「予冷」に関する説明として、最も適切なものを選びなさい。

①野菜の温度を低下させるため、出荷前に急冷する操作をいう。
②貯蔵庫内の温度と湿度を調節し、収穫や運搬で生じた傷口をなおすこと。
③収穫後から販売までを低温下で管理する。
④野菜から水分が逃げないよう特殊なフィルムで包む。
⑤出荷調整のため保冷庫に保存する技術。市場価格をにらんで出荷が可能となる。

20 □□□

トマトの空洞果防止で利用される植物ホルモンとして、最も適切なものを選びなさい。

①アブシジン酸
②4－CPA（オーキシン）
③エチレン
④ジベレリン
⑤サイトカイニン

21 □□□

キュウリの促成栽培の説明として、最も適切なものを選びなさい。

①暖地で10～12月に収穫する栽培や秋に日照の長い温暖地で秋から冬に収穫する施設での栽培がある。
②晩霜がなくなってから定植し、夏から秋にかけて収穫する。
③11～3月に播種し、12月以降に定植して施設で栽培する。
④初期をトンネル内で育て、晩霜がなくなってから支柱に誘引して栽培する。
⑤秋から冬にかけて育苗・定植して、施設で暖房しながら栽培し、冬から春に収穫する。

22 □□□

写真のダイコンによく発生する害虫の名称として、最も適切なものを選びなさい。

①ウリハムシ
②キスジノミハムシ
③ドウガネブイブイ
④ヒメコガネ
⑤ニジュウヤマホシテントウ

23 □□□

温室・ハウスの暖房負荷係数について、最も適切なものを選びなさい。

①保温カーテンを閉じると暖房負荷係数が小さくなる。
②保温カーテンを閉じると暖房負荷係数が大きくなる。
③温室やハウスの隙間が大きいと暖房負荷係数が小さくなる。
④１層ガラス温室と２層ガラス温室の暖房負荷係数を比較した場合は、２層ガラス温室の暖房負荷係数が大きい。
⑤温室・ハウスの表面積が大きいと、暖房負荷係数は小さい。

24 □□□

家庭菜園などでスィートコーンを２～３本植えた場合、先端不稔や実入りが悪くなる説明として、最も適切なものを選びなさい。

①風媒花で家庭菜園など小面積のほ場では、風が弱くて受粉できない。
②風媒花で雄すいと雌すいの成熟時期が異なり、適期に受粉できない。
③虫媒花で虫が少なく不稔になりやすい。
④虫媒花で、雄すいと雌すいの成熟時期が異なり、適期に受粉できない。
⑤近くの家の明かりなどで日長反応し、雄すいの出すいが遅れるため受粉できない。

25 □□□

次の写真の説明として、最も適切なものを選びなさい。

①ナスの長花柱花で、奇形果ができやすい。
②ナスの長花柱花で、受粉しにくい。
③ナスの長花柱花で、受粉しやすい。
④ナスの短花柱花で、受粉しにくい。
⑤ナスの短花柱花で、受粉しやすい。

26 □□□

オクラの葉の裏に0.5mm 程度の透明な丸い粒が見られた。この説明として、最も適切なものを選びなさい。

①アブラムシの卵である。
②オンシツコナジラミの卵である。
③ハスモンヨトウの卵である。
④オクラが分泌するケイ素である。
⑤オクラが分泌するムチンである。

27 □□□

写真はチップバーン症状（縁腐れ）を呈しているレタスである。この主たる原因はとして、最も適しているものを選びなさい。

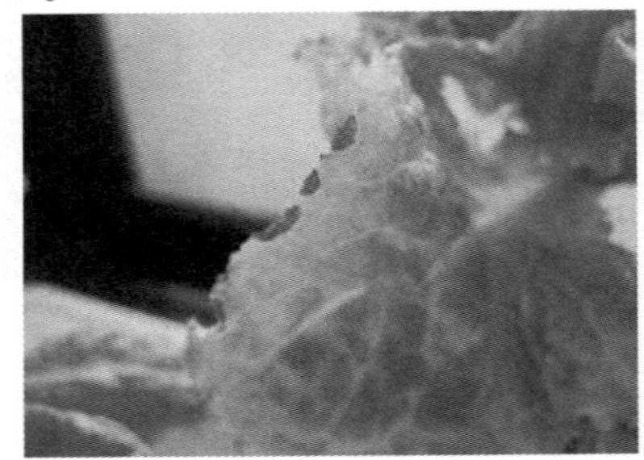

①カリの欠乏によるもの。
②マグネシウムの欠乏によるもの。
③石灰の欠乏によるもの。
④窒素の欠乏によるもの。
⑤リン酸の欠乏によるもの。

28 □□□

白菜の「根こぶ病」に対する記述のうち、最も適切なものを選びなさい。
①根こぶ病は、気温の低下とともに発病し、15℃以下になると多発する。
②くん蒸剤や殺線虫剤による防除が効果的である。
③酸性土壌での発生が多いことから、土壌pHを矯正すると被害が軽減される。
④根こぶによりしおれることから、かん水を行うと効果的である。
⑤キャベツなど他の品目との輪作が発生を低下させる。

29 □□□

キャベツの葉球の形状について、最も適切なものを選びなさい。
①葉重型タイプは葉数が多く、中晩生品種に多い。
②葉数型タイプは葉が大きく、早生品種に多い。
③同じ品種で栽培条件がよいと葉重型タイプに、悪いと葉数型タイプになりやすい。
④現在の品種は肥大型タイプが多い。
⑤裂球は収穫初期に発生しやすい。

30 □□□

ビニールハウス等の被覆に用いられる農PO（ポリオレフィン）系フィルムの特性のうち、最も適しているものを選びなさい。

①素材が柔らかく伸縮性に富んでいるため、加工がしやすい。
②耐久性・耐候性があり、擦れや摩擦に強い。
③赤外線の透過率がポリエチレンフィルムに比べて低く、夜間の保温性が高い。
④農業用ビニールと比較して、同じ厚さでも重く、コスト高となりやすい。
⑤素材の性質上、防滴・防曇効果に優れている。

31 □□□

ナスの結果特性についての記述のうち、最も適切なものを選びなさい。

①ナスの花が長花柱花の場合、肥大が悪く変形果が発生しやすい。
②土壌の水分不足となると、果実表面のツヤがなくなり、ボケ果となりやすい。
③肥料が不足すると花数が減り、着果数は減少するが上物率は向上する。
④露地栽培で盛夏時の着果促進のためには極力更新せん定は行わない。
⑤紫外線カットフィルムを利用すると訪花昆虫の活動がよくなり、着果率がよくなる。

32 □□□

好光性種子ではないものはどれか答えなさい。

①キャベツ
②ニンジン
③レタス
④カブ
⑤トマト

33 □□□

ネギ栽培における記述のうち、最も適しているものを選びなさい。

①ネギは軟白した葉しょう部を食用とする「根深ネギ」と、緑の葉を食する「葉ネギ」に大別される。
②ネギは低温に弱く0℃を下回ると枯死する。
③ネギは一般に葉および葉しょうを食用とし、茎は存在しない。
④ネギは一部の品種を除き、一般に高温・長日条件化で花芽分化し、初夏に花が咲く。
⑤ネギは水分を好むため乾燥に弱い。

34 □□□

アブラナ科野菜であるダイコンとカブについて、最も適切なものを選びなさい。

①一般に、ダイコンは根部が長形で、カブは球形のものを指す。
②辛味成分をもつのはダイコンで、辛いカブはない。
③ダイコンもカブも葉の形状では判別が困難である。
④ダイコンもカブもアブラナと同じ黄色の花が咲く。
⑤ダイコンは、消化酵素であるジアスターゼを多く含有する。

35 □□□

ホウレンソウの種まきに関する説明として、最も適切なものを選びなさい。

①１昼夜水に浸し、その後乾燥させないよう管理し、少し芽が出たらは種すると発芽がそろう。
②１昼夜水に浸し、その後乾燥させ、少し芽が出たらは種すると発芽がそろう。
③発芽適温は高温のため、25℃以上の温水に浸すと発芽がそろう。
④乾燥を好む野菜のため、乾燥した土には種すると発芽がそろう。
⑤ネイキッド種子は販売されていない。

36 □□□

ニンジン栽培の説明として、最も適切なものを選びなさい。

①一般に発芽率が90％以上あり野菜のなかでも発芽率は高い方である。
②土を乾燥状態にすると発芽率が高まる。
③移植栽培も積極的に行われている。
④コーティング種子は利用されていない。
⑤シーダーテープの利用により間引き作業を省力化することができる。

37 □□□

スイカ栽培の説明として、最も適切なものを選びなさい。

①収穫時期は開花日から一日の最高気温の積算で判断する。
②収穫時期は開花日から一日の最低気温の積算で判断する。
③降雨は受精を促進するため、人工授粉は降雨を待って行うとよい。
④人工受粉は午前９時頃までに行うとよい。
⑤人工受粉は高温期ほど受粉可能時間が長くなる。

38 □□□

白マルチの説明として、最も適切なものを選びなさい。

①白色がアブラムシの飛来を抑制し、ウイルスの感染を軽減する。
②反射光がタバココナジラミの飛来を抑制し、ウイルスの感染を軽減する。
③雑草抑制効果が高く、雑草の多いほ場において利用される。
④冬季の地温の上昇効果が高く、早期収穫できる。
⑤地温を低下する効果が高く、特に高温期において高温による生育抑制を防止できる。

39 □□□

メロンの袋かけ（アールス系メロン）の説明として、最も適切なものを選びなさい。

①一般的に、袋はビニール製のものを用いる。
②ネットの発現期頃から袋をかける。
③果実が卵程度の大きさになった頃から袋をかける。
④収穫1週間前に袋をかける。
⑤果実がピンポン球程度の大きさになった頃から袋をかける。

40 □□□

キャベツ黒腐（くろぐされ）病の特徴として、最も適切なものを選びなさい。

①結球が始まるころから発生して、地ぎわ部分が軟化腐敗して悪臭がする。
②葉の表側が葉脈に区切られてやや角形に黄色くなり、その裏側に汚れた白色で霜のようなカビが生える。
③葉の縁がＶ字形に黄変し、葉脈が褐色または紫黒色に変化する。
④初め株の片側の下葉から黄色くなり、しだいに株全体の葉が黄変して変形し、株全体が枯れる。
⑤根に大小さまざまなコブができて腐敗する。

41 □□□

ナスの生理障害である石ナスの発生要因として、最も適切なものを選びなさい。
①開花期前後の低温による受粉・受精障害で発生する。
②梅雨明け後の高温乾燥で発生する。
③ウイルス感染により発生する。
④石灰が欠乏して発生する。
⑤低温、多肥、多かん水が重なって、花芽が栄養過剰になったとき発生する。

42 □□□

キャベツの生育についての説明として、適切なものを選びなさい。
①種子バーナリゼーション型の野菜で、平均気温12℃以下の低温が続くと花芽が分化する。
②自然環境下では春から夏が栽培しやすい。地温12℃以下では、ほとんど生育しない。
③根系は浅く分布し、通気性のよい土を好む。乾燥には比較的強いが、水分過剰にきわめて弱い。
④緑植物体バーナリゼーション型の野菜で、生育中に一定期間低温にあうと花芽分化し、やがて抽だい（とう立ち）する。
⑤種子バーナリゼーション型の野菜であり、花芽が分化すると葉数が増加しなくなり、結球しないことがある。

43 □□□

次の症状のハクサイの病気として、最も適切なものを選びなさい。

「高温多湿のときに多く発生し、地ぎわ部に水浸状の病はんができ軟化、腐敗して悪臭を発生する。」
①尻腐病
②モザイク病
③軟腐病
④根こぶ病
⑤べと病

44 □□□

ニンジンの黒葉枯れ病の防除法として、最も適切なものを選びなさい。
①アブラムシを防除する。
②種子消毒や発病苗の除去、肥料切れしないようにする。
③イネ科作物との輪作や土壌消毒する。
④未熟有機物の施用を避ける。
⑤株元に土寄せする。

45 □□□

キセニアについて、最も適切なものを選びなさい。
①同一固体内に、異なった遺伝情報を持った細胞が混ざっていること。
②無毒化したウイルスを接種することで、病原性ウイルスに感染しにくくする方法。
③受粉した花粉の遺伝子が、胚乳の形質に影響を及ぼす現象。
④花粉や胚のうが異常で、正常に花粉形成ができない現象。
⑤雑種第１代が生産性、耐性など、両親のいずれの形質よりも優れる現象。

46 □□□

写真は結球レタスの被害の様子であるが、この原因として最も適切なものを選びなさい。
①多雨などの過湿による
②凍霜などの低温による
③台風などの強風による
④干ばつなどの過乾燥による
⑤アブラムシの吸汁による

47 □□□

農薬の化学組成と用途別分類の組み合わせとして、正しいものはどれか。

①ピレスロイド系	殺菌剤
②ネオニコチノイド系	殺菌剤
③ストロヒルリン系	殺虫剤
④フェノキシ系	除草剤
⑤トリアジン系	殺虫剤

48 □□□

農薬の散布液の希釈の順番として、最も適切なものを選びなさい。

①水和剤→乳剤→フロアブル→水溶剤→展着剤
②展着剤→乳剤→フロアブル→水和剤→水溶剤
③乳剤→水和剤→水溶剤→フロアブル→展着剤
④フロアブル→乳剤→水和剤→水溶剤→展着剤
⑤展着剤→水溶剤→乳剤→フロアブル→水和剤

49 □□□

キュウリやトマトの施設栽培で、農薬散布時における防除機の散布噴口として、最も適切なものを選びなさい。

①口角噴口
②泡噴口
③鉄砲噴口
④環状５頭口噴口
⑤スズラン噴口

50 □□□

次の写真のようなブロッコリーで花らい間から小さな葉がでたりする生理障害の説明として、最も適切なものを選びなさい。

①育苗期に連続して高温にあうと、発生が助長される。
②花芽分化前に連続して低温にあうと、発生が助長される。
③花芽分化前に連続して高温にあうと、発生が助長される。
④花らい発育中に連続して高温にあうと、発生が助長される。
⑤花らい発育中に連続して低温にあうと、発生が助長される。

選択科目（花き）

11 □□□

園芸利用上の分類として、最も適切なものを選びなさい。

①キンギョソウ　—　球根類
②アルストロメリア　—　洋蘭類
③ファレノプシス　—　一・二年草
④バラ　—　花木類
⑤パンジー　—　宿根草

12 □□□

次の草花のうち園芸利用上二年草に分類されるものとして、最も適切なものを選びなさい。

①スイートピー
②キク
③ヒマワリ
④カンパニュラ
⑤カーネーション

13 □□□

園芸利用上で、秋まき一年草に分類されるものを選びなさい。

①フリージア
②ガーベラ
③ニチニチソウ
④ハボタン
⑤マリーゴールド

14 □□□

次の花きについて、最も適切なものを選びなさい。

①サクラソウ科の花きである。
②春まき一年草に分類される。
③原産地はメキシコであるため、耐暑性がある。
④高温期（7月下旬〜8月）に播種し、秋〜冬に開花させる栽培法が主流である。
⑤大輪のものはビオラと呼ばれる。

15 □□□

キク科に属する植物として、最も適切なものを選びなさい。
①ヒマワリ
②ケイトウ
③コリウス
④ハボタン
⑤オダマキ

16 □□□

一重咲きと比較した八重咲きストックの特性として、最も適切なものを選びなさい。

①八重咲きストックの発芽は一重咲きよりも遅い。
②八重咲きストックの子葉は一重咲きよりも丸くて小さい。
③八重咲きストックの本葉は一重咲きよりも波うって長い。
④八重咲きストックの葉色は一重咲きよりも濃い緑色である。
⑤八重咲きストックの生育は一重咲きよりも劣る。

17 □□□

写真はハーブに分類される花きであるが、名称として最も適切なものを答えなさい。

①アゲラタム
②ミント
③コニファー
④ラベンダー
⑤カスミソウ

18 □□□

暗発芽種子として、最も適切なものを選びなさい。

①ペチュニア
②トルコキキョウ
③シクラメン
④プリムラ
⑤ヒマワリ

19 □□□

ファレノプシスの繁殖方法として、最も適切なものを選びなさい。

①無菌播種
②株分け
③とり木
④さし木
⑤分球

20 □□□

写真の観葉植物のうち、主に繁殖を種子繁殖で行うものとして、最も適切なものを選びなさい。

①インコアナナス

②サンセベリア

③ヤシ

④ドラセナ

⑤フィカス

21 □□□

スパティフィラムの繁殖方法として、最も適切なものを選びなさい。

①さし芽
②取り木
③接ぎ木
④株分け
⑤葉ざし

22 □□□

新品種作出を目的とした繁殖方法として、最も適切なものを選びなさい。
①分球繁殖
②取り木繁殖
③接ぎ木繁殖
④種子繁殖
⑤さし木繁殖

23 □□□

ポインセチアに関する記述として、適切なものを選びなさい。
①一般にポインセチアの増殖は栄養繁殖である接ぎ木で行う。
②花は、茎葉の先端部に赤・桃・白などに着色して開花する。
③苞葉の着色を進めるため、開花予定の60日～70日前に日長16時間の長日処理をする。
④寒さに強く、２月～３月の出荷が多い。
⑤花に見える茎葉先端の観賞部位は苞葉と呼び、真の花は苞の中に存在する。

24 □□□

カーネーションいちょう病の対策として、最も適切なもの選びなさい。
①ウイルスフリー苗を導入する。
②殺虫剤を葉面に散布する。
③媒介昆虫の駆除に努める。
④土壌消毒を徹底する。
⑤栽培土壌のマルチングをする。

25 □□□

次のプリムラ類のうち、播種後一定期間を過ぎて苗齢が進むと温度に関係なく花芽分化するものとして、最も適切なものを選びなさい。
①ポリアンサ
②マラコイデス
③オブコニカ
④ジュリアン
⑤シネンシス

26 □□□

下の図は切り花用テッポウユリ冷蔵促成栽培の管理の一例について示したものである。それぞれの管理の説明として、最も適切なものを選びなさい。

温湯処理 → 冷蔵処理 → 球根植え付け → 加温 → 開花

①温湯処理は球根の休眠を打破するために行う。
②温湯処理は球根を完全に休眠をさせるために行う。
③球根の冷蔵処理は休眠打破のために行う。
④冷蔵処理は開花を遅らせるために行う。
⑤冷蔵処理は10℃で２週間行う。

27 □□□

草花が低温にあたった後に花芽分化する性質として、最も適切なものを選びなさい。
①バーナリゼーション
②ディバーナリゼーション
③休眠
④休眠打破
⑤スリーピング

28 □□□

草丈の伸長を抑制する目的で使用する植物成長調整剤を選びなさい。
①ジベレリン
②ダミノジット
③ベンジルアデニン
④インドール酪酸
⑤２－４Ｄ

29 □□□

写真はファレノプシスの花器であるが（イ）は何と呼ばれるか。最も適切なものを選びなさい

①バルブ
②リップ
③セパル
④ペタル
⑤コラム

30 □□□

植物の茎の先端付近を生育途中でつまみ、除去する栽培技術管理の名称について、最も適切なものを選びなさい。

①台刈り
②摘心
③頂花取り
④整枝
⑤折り曲げ

31 □□□

バラの水耕栽培の培地で、最も一般的に使用されているものとして、適切なものを選びなさい。

①ロックウール
②パーライト
③泥炭
④バーミキュライト
⑤バーク

32 □□□

「10－10－10」という記載された肥料を窒素成分量で10アール当たり15kg施用する場合、何kg施用するか、最も適切なものを選びなさい。

①75kg
②150kg
③225kg
④300kg
⑤375kg

33 □□□

ある水和剤の農薬を1000倍に希釈して50リットル作るとき、必要な薬量として最も適切なものを選びなさい。

①5 g
②10g
③50g
④100g
⑤500g

34 □□□

表は平成29年度の都道府県別カーネーションの出荷量と順位を示したものである。順位1位に該当する都道府県として、最も適切なものを選びなさい。

順位	都道府県名	出荷量
1	（　※　）	49,100千本
2	愛知県	41,800千本
3	北海道	26,200千本
4	兵庫県	20,400千本
5	千葉県	19,400千本

①静岡県
②福岡県
③長崎県
④熊本県
⑤長野県

35 □□□

写真の花きの園芸生産における繁殖方法として、最も多く用いられているものを選びなさい。

①種子繁殖
②さし木繁殖
③茎頂培養繁殖
④株分け繁殖
⑤分球による繁殖

36 □□□

切り花のうちエチレン感受性が高いカーネーションやシュッコンカスミソウなどで使用される品質保持剤としてのエチレン作用阻害剤を選びなさい。

①ショ糖
② STS（チオ硫酸銀錯体、チオスルフォト銀陰イオン）
③界面活性剤
④硫酸アルミニウム
⑤ジベレリン

37 □□□

施設栽培において冷暖房両方が可能な装置・資材として、最も適切なものを選びなさい。

①ヒートポンプ
②パット＆ファン
③遮光
④循環扇
⑤マルチ

38 □□□

キク茎えそ病を媒介する昆虫として、最も適切なものを選びなさい。

①ワタアブラムシ
②ナミハダニ
③センチュウ
④ミカンキイロアザミウマ
⑤ハスモンヨトウ

39 □□□

花き栽培施設の構造と管理について、最も適切なものを選びなさい。

①施設には単棟式と連棟式があるが、単棟の方が管理の労力は少なくて済む。
②施設の向きは南北よりも東西を向いた方が日当たりなどが平均化し、日照条件はよい。
③暖房中の施設の換気を行うときは最初に天窓、次に側窓、次に出入り口の順に開ける。
④暖房中の施設の換気を行うときは最初に出入り口を開け、次に側窓、最後に天窓を開ける。
⑤密閉した施設内では日中はCO 2濃度が増加する。

40 □□□

次の花きの説明として、最も適切なものを選びなさい。

①鉢花として主に利用され、庭植えは不可である。
②主に挿し木で繁殖する。
③花後すぐに剪定をすると、来年の花が着かない。
④常緑の花木である。
⑤6～7月が出荷の最盛期である。

41 □□□

ラン科植物種子の発芽に関係するものとして、最も適切なものを選びなさい。
①ウイルスフリー
②細菌
③メリクロン
④休眠
⑤プロトコーム

42 □□□

葉の表面に白い斑点が発生するキクの病気として、最も適切なものを選びなさい。
①褐斑病
②青枯れ病
③半身萎凋病
④白絹病
⑤白さび病

43 □□□

次の品目の中から平成28年統計による花き類で、最も産出額が多いものを選びなさい。
①カーネーション
②キク
③洋ラン（鉢物）
④ユリ
⑤バラ

44 □□□

花きの長日処理の説明について、最も適切なものを選びなさい。
①短日植物の開花を早める目的で行われる。
②長日植物の開花を遅らせる目的で行われる。
③短日植物の開花を遅らせる目的で行われる。
④長日処理とは日光がよく当たるようにすることである。
⑤光中断によって暗期を長くすることである。

45 □□□

育成者の権利を保護するための種苗法の内容について、最も適切なものを選びなさい。

①登録された品目の権利は1年間で消滅する。
②宿根草や花木などの永年性植物の保護期間は100年である。
③一・二年生の種子繁殖性植物の保護期間は25年である。
④効率的な育種作業をするため花粉がたくさんできる雄性不稔系統も利用される。
⑤優れた形質を示す交配組み合わせで得られたＦ１品種を自殖すると、形質がまとまる。

46 □□□

トルコキキョウを高温で栽培すると発生する障害・病害として、最も適切なものを選びなさい。

①白さび病
②えそ病
③立ち枯れ
④灰色かび病
⑤ブラスティング

47 □□□

雑種第一代の特性として、最も適切なものを選びなさい。

①染色体が倍加する。
②いろいろな形質が現れる。
③次代以降も品種が固定する。
④自殖植物ともいう。
⑤生育が盛んでそれぞれの親の優れた形質が現れることがある。

48 □□□

次の文章にあてはまるものとして、最も適切な花きを選びなさい。

「夏季は冷涼で乾燥した気候を好み、アルカリ性で排水の良い土が栽培に適している。開花期は５～６月である。」

①シクラメン
②シュッコンカスミソウ
③ニチニチソウ
④キク
⑤ハナショウブ

49 □□□

発芽適温が最も高い花きを選びなさい。
①プリムラ類
②サイネリア
③サルビア
④アスター
⑤シクラメン

50 □□□

主に栄養繁殖で繁殖する花きとして、最も適切なものを選びなさい。
①マリーゴールド
②ハボタン
③キク
④サルビア
⑤シクラメン

選択科目（果樹）

11 □□□

写真はナシの蕾（つぼみ）から赤い粒を採集したナシの作業の一場面である。この作業段階として、最も適切なものを選びなさい。

①めしべを採集している段階。
②採薬（やく）機で蕾をバラバラにしている段階。
③採葯機で葯を集め、開葯器に入れる直前の段階。
④開葯器で葯を開いた後の段階。
⑤開葯が終り、花粉を貯蔵している段階。

12 □□□

写真は果樹に寄生する害虫であるが、最も適切なものを選びなさい。

①カメムシ類
②ハマキムシ類
③アブラムシ類
④ハダニ類
⑤カイガラムシ類

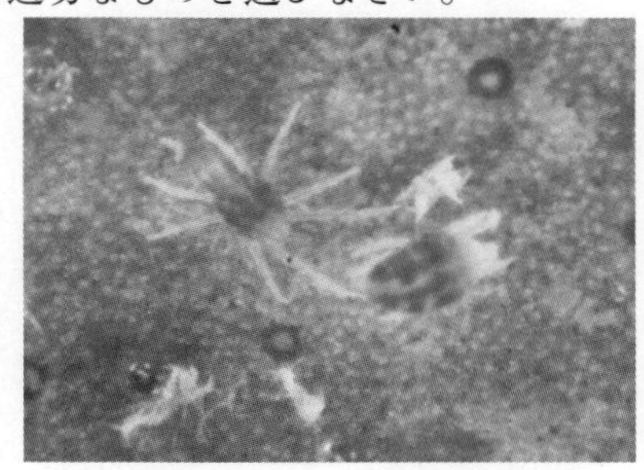

13 □□□

オウトウの雨よけ栽培の目的として、最も適切なものを選びなさい
①作業の省力化
②収量性の向上
③防霜対策
④裂果防止
⑤土壌改良

14 □□□

下の写真は、カンキツ園において、A は作業前、B は作業後の様子を上空から撮った同じ日の写真である。ここで行った作業として、最も適切なものを選びなさい。

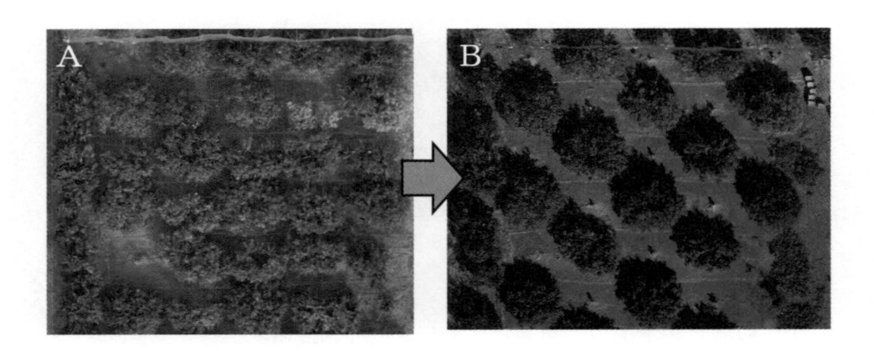

①間伐(かんばつ)
②縮伐(しゅくばつ)
③改植
④高接ぎ更新
⑤大苗移植

15 □□□

ブドウの結果習性として、最も適切なものを選びなさい。
①えき生花芽であり、前年の枝に着果する。
②頂生花芽であり、今年伸びた新梢の先端に着果する。
③えき生花芽であり、今年伸びた新梢の葉えきに着果する。
④頂えき生花芽であり、今年伸びた新梢の先端に着果する。
⑤頂生花芽であり、今年伸びた新梢の葉えきに着果する。

16 □□□

ブドウにおいてジベレリン単独処理では100%の無核化が困難な場合が多い。無核化率向上のために使われているものとして、最も適切なものを選びなさい。

①ストレプトマイシン
②ホルクロルフェニュロン（フルメット）
③エテホン
④石灰イオウ合剤
⑤展着剤

17 □□□

ブドウの短梢せん定法で樹を育成中、2年目の枝から芽が出ず、「芽飛び」になることがある。この対策として、最も適切なものを選びなさい。

①発芽が悪いことが予想される場合、2年目の枝の芽の1～2 cm先に、芽傷を入れる。
②枝の勢いが弱いと発芽が悪いので、2年目の枝先を上に向ける。
③2年目の枝が太いほど発芽が良いので、1年目の新梢は徒長気味に太くする。
④1年目に伸びた新梢は、切り返しせん定を全くせず、2年目にそのまま使用する。
⑤2年目の枝が細く弱いと、発芽は全くない。

18 □□□

果実の収穫について、最も適切なものを選びなさい。

①果実は暑い時間帯に収穫した方が、その後の保存状態が良い。
②気温の低い早朝に収穫した方が、その後の保存状態が良い。
③収穫後に一時的に冷やす「予冷」は、その後の保存状態とは関係ない。
④収穫適期になれば、どの時間帯に収穫しても、品質に全く関係しない。
⑤夕方収穫したものは、水分が十分で鮮度が高い。

19 □□□

落葉果樹の「礼肥」について、最も適切なものを選びなさい。

①果実収穫後、樹の回復と共に、落葉するまでに光合成をしっかりさせるために、速効性肥料を少量与える。
②果実を成らせてくれたお礼として、収穫後にできるだけ多くの窒素肥料成分を与える。
③果実収穫後は、まだ生育中であるため、落葉した後に肥料を与える。
④果実収穫後、できるだけ早く、遅効性のリン酸・カリ肥料を与える。
⑤果実を成らせてくれているお礼として、果実が肥大中に肥料を与える。

20 □□□

ナシの袋かけについて、最も適切なものを選びなさい。
①袋かけは、ナシの栽培において、病害虫防除のため、必ず実施しなければならない。
②ナシの袋かけは、大きな袋の１回のみで、幼果期にかける小袋はない。
③二十世紀ナシは、肌の美しさが特徴なので、袋かけは必須である。
④幸水・豊水は、甘さが特徴なので、甘くするために袋をかける。
⑤袋かけをすれば、全ての病害虫を防ぐことができる。

21 □□□

落葉果樹の「花芽分化開始期」として、最も適切なものを選びなさい。
①枝葉の生育が盛んな前年の初夏６～７月頃から開始。
②開花直前の３月頃から開始。
③前年の落葉の頃から開始。
④冬の休眠期間中。
⑤季節等に関係なく１年中。

22 □□□

有機石灰の説明として、最も適切なものを選びなさい。
①石灰石に水を加えて作成。目に入ると危険等もあり、使用量が激減。
②石灰石に熱を加えてできたもの。水と反応すると発熱、乾燥剤としても利用。
③苦土（Mg）の入った石灰。
④窒素と化合させたもの。灰黒色、土壌消毒としても利用。
⑤ホタテやカキの貝殻を原料にしたもの。

23 □□□

花粉供給用の品種である受粉樹を選ぶ場合、最も適する条件を選びなさい。
①葯（やく）の中の完全花粉の量が多く、栽培目的品種との和合性が低い。
②栽培目的品種より開花期が遅い。
③葯の中の完全花粉の量が多く、栽培目的品種との和合性が高い。
④受粉樹の着果数が少ない。
⑤受粉樹の果実の商品性が高い。

24 □□□

土壌の深耕について、最も適切なものを選びなさい。

①根の広がっている部分を局部的に深耕することで、土壌中の水分・空気含有量が増加し、根に対する酸素の供給量が増加する。
②できるだけ深く深耕し、多くの根を切り、新根の発生を促す。
③できるだけ主幹に近いところを掘り、多くの根を切り、新根の発生を促す。
④灌(かん)水を徹底して行い、土壌水分を確保する。
⑤土壌消毒を行い、土壌病原菌を駆除する。

25 □□□

モモにおける硬核期の特徴として、最も適切なものを選びなさい。

①果実の肥大成長が緩やかになり、核の硬化と胚の発育が盛んなる。
②果実の肥大成長が急激となり、核の硬化が進み胚の発育が抑制される。
③硬核期後から成熟までの肥大は抑制される。
④硬核期に摘果を行うことで、肥大成長が盛んになる。
⑤硬核期に摘果を行うことで、核割れが防止される。

26 □□□

果樹において樹勢が強過ぎる場合の特徴として､最も適するものを選びなさい。

①葉が小さく、葉色が淡く、果実が小さく糖度が低い。
②葉が小さく、葉色が淡く、果実が大きく糖度が高い。
③葉が小さく、葉色が濃く、果実が小さく糖度が低い。
④葉が大きく、葉色が淡く、果実が大きく糖度が高い。
⑤葉が大きく、葉色が濃く、結実性が低下し、果実が大きくなっても糖度が低くなりやすい。

27 □□□

写真はウンシュウミカンに発生した生理障害である。この生理障害の名称と発生しやすい条件の組み合わせのうち、最も適切なものを選びなさい。

名称	発生しやすい条件
①へたすき果	窒素不足
②へたすき果	秋季以降の高温と多湿
③縮果病	窒素肥料の過剰施用や着果過多
④浮き皮	秋季以降の高温と多湿
⑤浮き皮	害虫の多発

28 □□□

次の文章の空欄に入る語句の組み合わせとして、最も適切なものを選びなさい。

「果樹の成長は、枝や葉、根などが成長する栄養成長と、花や果実が成長する生殖成長に区別できる。果樹栽培では、栄養成長と生殖成長のバランスをとることが大切である。(A) は栄養成長を盛んにし、(B) は栄養成長を弱くする。」

A	B
①強せん定や土壌の乾燥	窒素肥料の多用や過度の着果
②強せん定や窒素肥料の多用	弱せん定や過度の着果
③弱せん定や土壌の乾燥	強せん定や着果量の制限
④弱せん定や窒素肥料の多用	窒素肥料の多用や過度の着果
⑤土壌の乾燥や過度の着果	着果量の制限や窒素肥料の多用

29 □□□

下の写真は果樹の花の写真である。それぞれの花の果樹名の組み合わせとして、最も適切なものを選びなさい。

A

B

C

	A	B	C
①	キウイフルーツ	カンキツ	カキ
②	ブドウ	クリ	カンキツ
③	カキ	ビワ	モモ
④	キウイフルーツ	カンキツ	クリ
⑤	モモ	ビワ	カキ

30 □□□

次の文章の空欄に入る語句の組み合わせとして、最も適切なものを選びなさい。

「特定の他品種の花粉を受粉しても結実しない性質を（A）と呼び、同一品種の花粉を受粉しても結実しない性質を（B）と呼ぶ。」

	A	B
①	自家不和合性	他家（交雑）不和合性
②	自家和合性	他家不和合性
③	他家（交雑）不和合性	自家不和合性
④	他家和合性	自家和合性
⑤	他家不和合性	自家和合性

31 □□□

写真の果実は子房以外の器官・組織である花床（かしょう）（花たく）が肥大した果実を食用としているので偽果（ぎか）と言われている。これと同じ偽果に属する果樹として、最も適切なものを選びなさい。

①スモモ
②モモ
③オウトウ
④ウメ
⑤ナシ

32 □□□

次の写真はオウトウ園における開花期の作業の様子であるが、この作業名として、最も適切なものを選びなさい。

①薬剤散布（病害虫防除）
②摘花
③人工受粉
④せん定
⑤防鳥対策

33 □□□

写真のものを台木とする果樹として、最も適切な品種を選びなさい。

①ナシ
②カンキツ類
③オウトウ
④ブルーベリー
⑤リンゴ

34 □□□

写真のように樹と樹をつなぐ「ジョイント仕立て」の特徴として、最も適するものを選びなさい。

①早期成園化、作業等の省力化が図られる。
②初期コストの軽減が図られる。
③無農薬栽培が図られる。
④無施肥栽培が図られる。
⑤無せん定栽培が図られる。

35 □□□

写真はブドウに発生した病気である。この病気の名称として、最も適切なものを選びなさい。

①斑点落葉病
②そうか病
③灰星病
④赤星病
⑤べと病

36 □□□

モモ栽培において、幼果への食入や新梢への被害が発生した写真である。この害虫の名称として、最も適するものを選びなさい。

①ハダニ類
②アブラムシ類
③カメムシ類
④シンクイムシ類
⑤カミキリムシ類

37 □□□

ビャクシン類が中間宿主となるナシの病気として、最も適切なものを選びなさい。

①黒とう病
②黒星病
③赤星病
④縮葉病
⑤黒点病

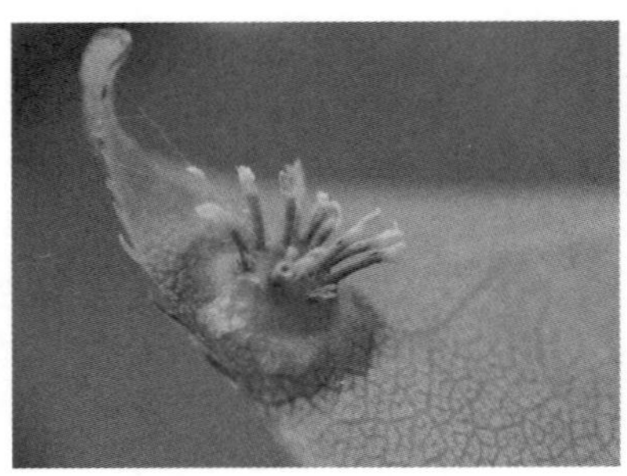

38 □□□

表及びグラフはブドウの品種別栽培面積及び都道府県別のブドウ全収穫量を表している。品種名Aの国内最も収穫量が多い都道府県は、Bである。（A）及び（B）の組み合わせとして最も適するものを選びなさい。

ブドウの品種別栽培面積

品種名	栽培面積（ha）
巨峰	4,611
デラウェア	2,655
ピオーネ	2,343
A	683
キャンベルアーリー	555
ナイアガラ	483
その他	2,934
合計	14,264

出典：「平成26年産特産果樹生産動態等調査」農林水産省

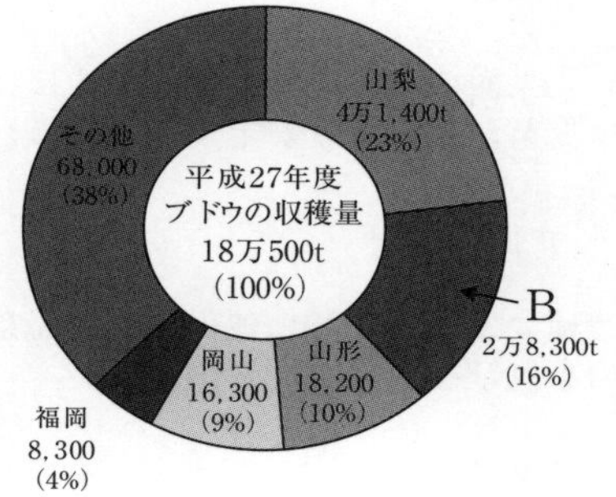

平成27年度
ブドウの収穫量
18万500t
（100%）
山梨
4万1,400t
（23%）
B
2万8,300t
（16%）
山形
18,200
（10%）
岡山
16,300
（9%）
福岡
8,300
（4%）
その他
68,000
（38%）

ブドウの都道府県収穫量

出典：「平成27年果樹生産出荷統計」農林水産省

A（品種名）	B（都道府県名）
①ロザリオビアンコ	北海道
②甲斐路（かいじ）	埼玉県
③シャインマスカット	長野県
④ネオマスカット	福島県
⑤マスカットベリーA	岐阜県

39 □□□

GAPに関する説明文として、最も適切なものを選びなさい。

①農薬の適正使用はもとより汚染防止の管理、農場・農業従事者の衛生管理、生産・収穫調整・収穫までの一連の管理をいう。
②果実を含む全ての食品に残留農薬値が設定されており、この基準を超えると生産物の出荷停止や回収などの対応が求められる。
③化学薬剤を用いて病害虫を防除する方法をいう。
④病害虫防除は、開園時から総合的で幅広い防除体型を確立することをいう。
⑤病害虫に対する抵抗性品種や台木を利用して被害を軽減する方法をいう。

40 □□□

カンキツの苗木の植え付け時の留意点として、最も適切なものを選びなさい。
①植え穴は苗木の根の大きさに合わせて掘り、苗木の地上部は切らないで植える。
②植え付け後、苗木が風で揺すられて活着が悪くならないように、支柱をする。
③土壌を柔軟にしたり、物理性・化学性の改良のため、未完熟有機物を入れる。
④果樹の成長を良くするために、窒素成分を含む肥料を多量に投入する。
⑤苗がしっかり安定するように、接ぎ木部分も埋まるよう深植えにする。

41 □□□

改植による更新時に連作障害（忌地）を発生しやすい果樹として、最も適切なものを選びなさい。
①カキ
②クリ
③ブドウ
④レモン
⑤モモ

42 □□□

ブドウの大粒系の品種の摘粒について、最も適切なものを選びなさい。
①大粒のものを収穫するためには、第１回目のジベレリン処理後、果粒の大小・良否が判別でき次第、早い段階で摘粒する方がよい。
②摘粒は、粒がかなり大きくなってから、遅めに実施した方がよい。
③摘粒は、２回目のジベレリン処理後でないと実施してはいけない。
④房の内側にある粒は、押しつぶされて裂果することはないので、できるだけ残すようにする。
⑤できるだけ多くの粒を残した方が、大きな房で着色がよく、品質の良いブドウとなる。

43 □□□

果実を収穫後に一時的に冷やす「予冷」について、最も適切なものを選びなさい。

①果実温が高いと呼吸が盛んで養分（糖など）の浪費、蒸散が盛んになるため果実温を下げる。
②長期間冷凍する前に、一時的に冷やす。
③果実は冷やすと糖が急激に上昇するため、果実を冷やす。
④果実は冷やすと酸が抜けるため、果実の温度を下げる。
⑤そのままでは果実が熟さないため、冷凍することにより、果実が熟すのを促進する。

44 □□□

果樹におけるせん定の説明として、最も適するものを選びなさい。

①切り返しせん定は、多く発生した枝の中で必要とみられる枝を残し、不要な枝を基部から切り落とし、風通しや受光態勢をよくする。
②間引きせん定は、主枝や亜主枝などの骨組みを育てるため、新しく成長した枝を途中で切り、新梢の成長を促す。
③１本の枝では切り取る枝の長さが長いほど、１本の樹では切り取る総量が多いものを弱せん定という。
④強せん定は栄養成長を盛んにし、弱せん定は栄養成長を弱めて、生殖成長を促す。そのため、せん定の際は樹の状態に応じてせん定を行う。
⑤せん定は、樹勢や園地条件に関係なく、樹形を決めて機械的に行う。

45 □□□

写真は、リンゴやオウトウの結実確保のため導入される訪花昆虫であるが、最も適切なものを選びなさい。

①ミツバチ
②マルハナバチ
③マメコバチ（ツツハナバチ）
④アシナガバチ
⑤コガタスズメバチ

46 □□□

次の図はモモの花の構造である。花器中の（A）～（D）の名称として、最も適切なものを選びなさい。

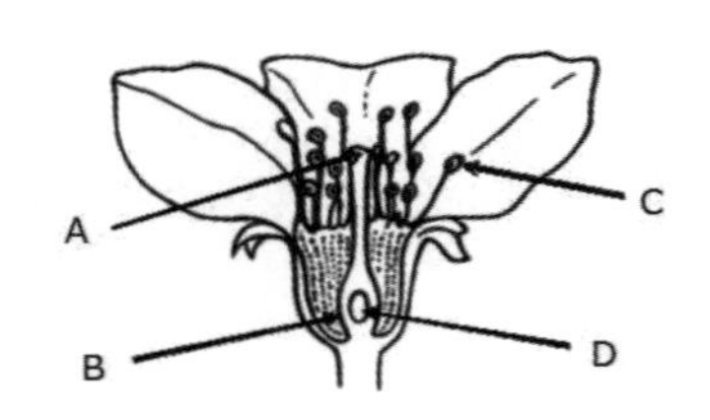

	A	B	C	D
①	柱頭	子房	花糸	胚珠
②	柱頭	花床	やく	子房
③	柱頭	子房	やく	胚珠
④	花柱	花床	花糸	子房
⑤	花柱	子房	花糸	胚珠

47 □□□

果樹の種類と生理障害の組み合わせとして、最も適切なものを選びなさい。

果樹の種類		生理障害
①ウンシュウミカン	—	ビターピット
②リンゴ	—	核割れ
③ブドウ	—	裂果
④ナシ	—	浮き皮
⑤モモ	—	ユズ肌

48 □□□

次の果樹のうち、挿し木繁殖が容易な果樹として、最も適切なものを選びなさい。

①ブルーベリー
②リンゴ
③モモ
④ウンシュウミカン
⑤ナシ

49 □□□

次の写真はブドウの幼穂である。Aの部分の名称として，最も適切なものを選びなさい。

①穂柄（ほへい）
②穂軸（ほじく、すいじく）
③岐肩（きけん)、副穂（ふくすい）
④支柄（しへい）
⑤葉柄（ようへい）

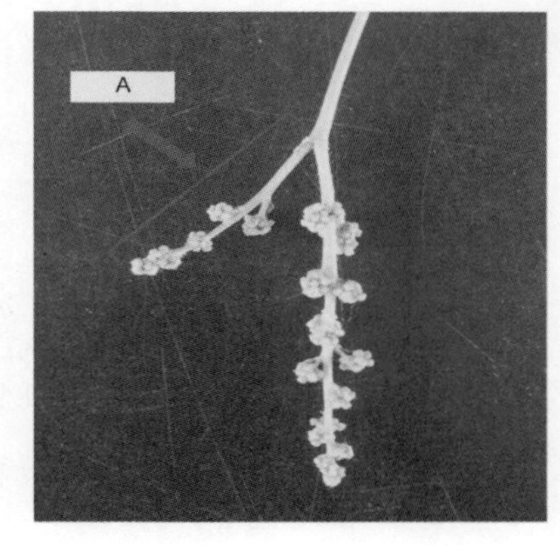

50 □□□

下の円グラフは、ウンシュウミカンの作業別労働時間を現したものである。グラフ中のA、B、Cにあたる作業の組み合わせとして、最も適切なものを選びなさい。

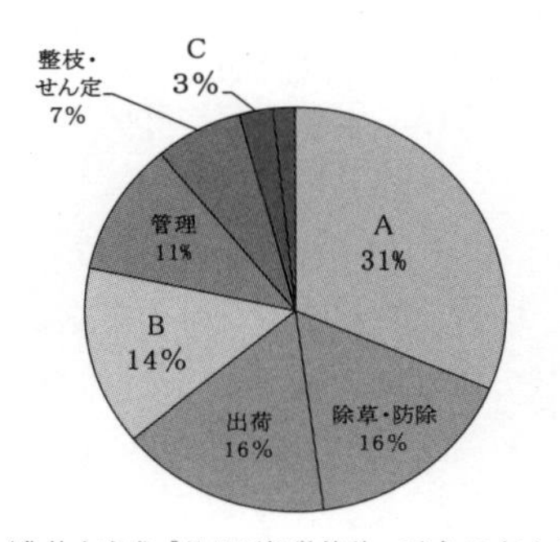

（農林水産省「品目別経営統計」平成19年より）

	A	B	C
①	施肥	収穫・調整	摘果
②	摘果	施肥	収穫・調整
③	収穫・調整	摘果	施肥
④	施肥	摘果	収穫・調整
⑤	収穫・調整	施肥	摘果

選択科目（畜産）

11 □□□

転卵の目的として、最も適切なものを選びなさい。
①神経や血管の形成を促すため。
②発育中の胚を卵殻膜にゆ着させないため。
③ヒナの雌雄を判別するため。
④無性卵や発育中止卵を見分けるため。
⑤孵卵期間を短縮するため。

12 □□□

採卵鶏の飼育適温範囲と体温調節方法について、最も適切なものを選びなさい。
①飼育適温範囲：10～15℃、体温調節：発汗
②飼育適温範囲：10～15℃、体温調節：呼吸
③飼育適温範囲：10～15℃、体温調節：発汗と呼吸
④飼育適温範囲：15～25℃、体温調節：発汗
⑤飼育適温範囲：15～25℃、体温調節：呼吸

13 □□□

ハウユニットの説明として、最も適切なものを選びなさい。
①卵殻の強度を表す。
②卵殻の厚さを表す。
③卵黄の高さを表す。
④鶏卵の鮮度を表す。
⑤卵白の広がり具合を表す。

14 □□□

鶏舎に収容している採卵鶏のある期間の産卵数が下記の通りであった。この期間のヘンハウス産卵率として、正しいものを選びなさい。

調査期間	30日
入舎羽数	100羽
期間内産卵個数	2900個

①91%
②93%
③95%
④97%
⑤99%

15 □□□

鶏コクシジウム症の説明として、正しいものを選びなさい。

①細菌が原因の病気。症状は血便を伴う下痢、貧血で、放置すれば死亡する確率が高い。
②発生しやすいのは老齢の鶏で、冬季の隙間風がある鶏舎で良く発生する。
③治療は、ビタミン剤が有効である。
④病原体を含む糞便を口にすることで経口感染するので、平飼い飼育で発生しやすい。
⑤予防のためのワクチンがない。

16 □□□

鶏用の配合飼料の飼料原料の説明として、最も適切なものを選びなさい。

①採卵鶏用の配合飼料に最も多く配合されているのは、ソルガムである。
②トウモロコシは、主にタンパク質の供給源として配合している。
③魚粉は、脂肪を多く含んでいる
④飼料用米は、トウモロコシの代替えとして配合される。
⑤卵黄色を濃くするためには、飼料用米を多く配合する。

17 □□□

鶏のワクチンの記述について、最も適切なものを選びなさい。

①ワクチンには、生ワクチンと乾燥ワクチンがある。
②マレック病、ニューカッスル病、種痘、伝染性コリーザ、鶏白血病の予防にはワクチン接種が有効である。
③ワクチン接種方法には、飲水、点眼、点鼻、穿(せん)刺、噴霧などがある。
④数種類のワクチンを混合したものは、使っていない。
⑤ワクチンは通常成鶏になってから用いる。

18 □□□

ブタの妊娠診断法である「ノンリターン法」の説明として、最も適切なものを選びなさい。

①交配後、再発情の有無で確認する方法。
②交配後、超音波により子宮内の羊水の有無を確認する方法。
③交配後、超音波により母豚の子宮動脈音の有無を確認する方法。
④交配後、血中成分を測定して判定する方法。
⑤交配後、尿のホルモン数値を測定して判定する方法。

19 □□□

ブタの繁殖について、文章中のカッコ内の言葉の組み合わせとして、最も適切なものを選びなさい。

「雌豚の繁殖供用開始適期は、生後（　ア　）、体重（　イ　）くらいからである。初回交配が早いと排卵数も少なく繁殖成績もよくないが、反対に供用が遅すぎても受胎率の低下を招くことになるため注意する。」

①ア　6～7か月　　イ　100～110kg
②ア　6～7か月　　イ　120～130kg
③ア　6～7か月　　イ　150～160kg
④ア　8～9か月　　イ　100～110kg
⑤ア　8～9か月　　イ　120～130kg

20 □□□

肉豚の週間飼料給与量が19.6kg、週間残飼量が1.6kg、増体量が6 kgの場合の飼料要求率として、最も適切なものを選びなさい。

①2.5
②3.0
③3.5
④4.0
⑤4.5

21 □□□

ブタの法定伝染病として、最も適切なものを選びなさい。

①伝染性胃腸炎
②豚流行性肺炎
③豚丹毒
④流行性脳炎
⑤寄生虫病

22 □□□

家畜改良増殖法に基づく家畜改良増殖目標（平成27年３月改定）について、正しいものを選びなさい。

①10年ごとに目標値を改定し、計画的に家畜の改良を行っている。
②対象としている家畜の種類は、牛、豚、馬、めん羊、山羊、鶏である。
③肉用牛の目標では、輸入牛との差別化を図るため、脂肪交雑をより多くする方向に改良することとされている。
④乳牛の目標では、生涯生産性を高めるために、能力と体型をバランス良く改良することが重要であるとされている。
⑤豚の目標では、消費者の健康志向を反映し、背脂肪層の厚さをより薄く改良することとされている。

23 □□□

PSE豚肉についての記述として、最も適切なものを選びなさい。

①と殺後に枝肉をカットすると、ももやロースの断面内部の肉色が濃く、硬くよくしまっている。
②不飽和脂肪酸を多く含む飼料を給与することにより発生し、体脂肪が軟らかく、しまりに欠ける豚肉のことである。
③魚のアラや臓物等を多量に連続して与えると発生し、体脂肪が黄色で軟らかく、異臭のする豚肉のことである。
④肉の断面の色が淡く、軟らかすぎ、しまりがなく水っぽい状態を指す。ふけ肉と呼ばれることがある。
⑤細菌性の疾病によって引き起こされ、色が白く保水性に欠ける豚肉のことである。

24 □□□

豚枝肉取引規格について、正しいものを選びなさい。

①枝肉の格付は日本養豚協会により実施されている。
②等級は極上、上、中、下の４段階がある。
③重量、背脂肪の厚さ、外観、肉質によって、格付が決定される。
④国内産の豚枝肉はすべて格付された上で流通している。
⑤地方によって格付の基準は異なっている。

25 □□□

次の写真の糞尿処理施設（開放直線型撹拌乾燥ハウス）において、期待できる主たる機能について、最も適切なものを選びなさい。

①糞中水分の蒸発
②嫌気性細菌の活性化
③微生物による難分解成分の分解
④処理された糞の保管
⑤完熟堆肥の生産

26 □□□

可消化養分総量の略省記号として、最も適切なものを選びなさい。
① DE
② TDN
③ ME
④ NE
⑤ GE

27 □□□

家畜が排せつする尿や畜舎の洗浄水などの汚水は水質汚濁防止法により排出が規制されているが、その項目の一つであるBODの正式名称として、適切なものを選びなさい。
①燐（リン）含有量
②窒素含有量
③生物化学的酸素要求量
④化学的酸素要求量
⑤浮遊物質量

28 □□□

次の写真の器具の使用目的として、最も適切なものを選びなさい。
①精液採取
②血液採取
③薬剤投与
④削蹄
⑤去勢

29 □□□

乳牛の形質の遺伝率が最も高いものとして、最も適切なものを選びなさい。
①乳用強健性
②乳器の型
③乳タンパク質
④泌乳持続性
⑤乳量

30 □□□

搾乳牛の第1胃の容量として、最も適切なものを選びなさい。

①約20リットル
②約50リットル
③約100リットル
④約200リットル
⑤約500リットル

31 □□□

鶏卵の加工の説明として、(A) ～ (B) に入る語句を選びなさい。

「水と油のように混じり合わないものを混じり合わせる作用を (A) という。卵黄には (A) があり、この性質を利用して (B) が製造される。」

	A	B
①	凝固性	燻製卵
②	起泡性	バター
③	乳化性	マヨネーズ
④	発酵性	ヨーグルト
⑤	起泡性	ケーキ

32 □□□

ウシの消化器官とその構造や働きの組み合わせとして、最も適切なものを選びなさい。

	消化器官	構造や働き
①	口腔	大量の唾液を分泌することで、胃内のpHを一定に保つ。
②	第1胃	飼料を一時的にたくわえて水や粘液と混ぜ、やわらかくする。
③	第1胃	胃酸と消化液を分泌して飼料を消化する。
④	第4胃	粗飼料などの飼料片がルーメンマットを形成し、おだやかな発酵を促す。
⑤	大腸	盲腸が回腸と結腸の移行部に2本あり、腸の内容物や微生物がたまる。

33 □□□

子牛の育成管理に関する説明として、最も適切なものを選びなさい。
①耳標の装着は離乳してから行うのが望ましい。
②除角は生後すぐ立ち上がる前に行う必要がある。
③初乳にはセルロースが含まれており必ず給与する。
④出生後すぐに臍帯をヨード液で消毒し臍帯炎を予防する。
⑤早期離乳は反すう胃の発達を阻害してしまうため注意する。

34 □□□

乳房炎の診断方法として、最も適切なものを選びなさい。
①アルコールテスト
② TDN
③ SPF
④官能試験
⑤ PL テスト

35 □□□

次の写真の飼料用収穫調整機械の名称として、最も適切なものを選びなさい。
①ドリルシーダ
②モアコンディショナ
③ヘイテッダ
④ヘイレーキ
⑤ベーラ

36 □□□

次の図は雌ウシの生殖器である。A～Dに入る語句の組み合わせとして、適切なものを選びなさい。

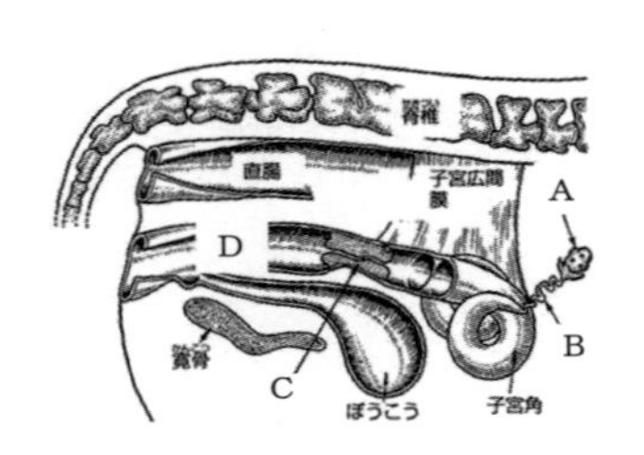

	A	B	C	D
①	卵管	卵巣	ちつ	子宮頸管
②	卵管	卵巣	子宮頸管	ちつ
③	卵巣	卵管	ちつ	子宮頸管
④	卵巣	卵管	子宮頸管	ちつ
⑤	卵巣	子宮頸管	卵管	ちつ

37 □□□

次の図は成牛の胃の構造についてのものである。このうち反すう胃の組み合わせとして適切なものを選びなさい。

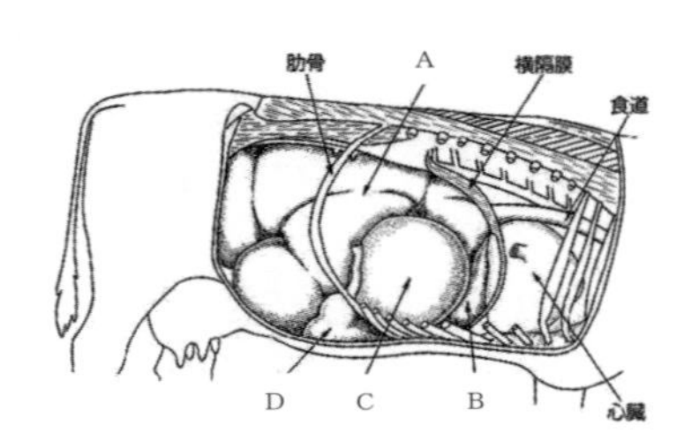

①AとB
②BとC
③CとD
④AとC
⑤BとD

38 □□□

ウシの疾病で肝蛭（カンテツ）症がある。寄生虫である肝蛭の中間宿主として、正しいものを選びなさい。

①メダカ
②ヒメモノアラガイ
③イナゴ
④スズメ
⑤クモ

39 □□□

次の文章は乳熱について述べたものである。次の（　A　）～（　B　）に入る語句の組み合わせとして、最も適切なものを選びなさい。

「分娩後に血液中の（　A　）が急激に減少する事によりウシが突然倒れ起立不能になる。予防としては分娩前に（　A　）給与量を（　B　）ことである。」

	A	B
①	カルシウム	減らす
②	カルシウム	増やす
③	ナトリウム	増やす
④	マグネシウム	減らす
⑤	マグネシウム	増やす

40 □□□

雌牛に直腸腟法で人工授精を行う場合、凍結精液の注入部位はどこか、最も適切なものを選びなさい。

①腟
②卵巣
③子宮体
④子宮角先端部
⑤卵管

41 □□□

乳牛の飼料給与法に関する説明として、最も適切なものを選びなさい。

①分離給与では第1胃内の pH 低下を防ぐため、給与は粗飼料、濃厚飼料の順にする。

②分離給与では採食量と放牧草の季節変動にあわせて、飼料の給与量を変える必要がある。

③ TMR（混合飼料）給与では選び食いがなくなるため、第4胃の機能を正常に保つことができる。

④ TMR 給与では1種類のみで栄養のアンバランスが生じることはなく、省力化できる。

⑤放牧では自ら草を求めて歩くため濃厚飼料を給与する必要はなく、高泌乳牛に適している。

42 □□□

写真に示したウシの枝肉部位で、（ア）の筋肉の名称として、正しいものを選びなさい。

①広背筋（こうはい）

②腹鋸筋（ふくきょ）

③胸最長筋（きょうさいちょう）

④僧帽筋（そうぼう）

⑤菱形筋（りょうけい）

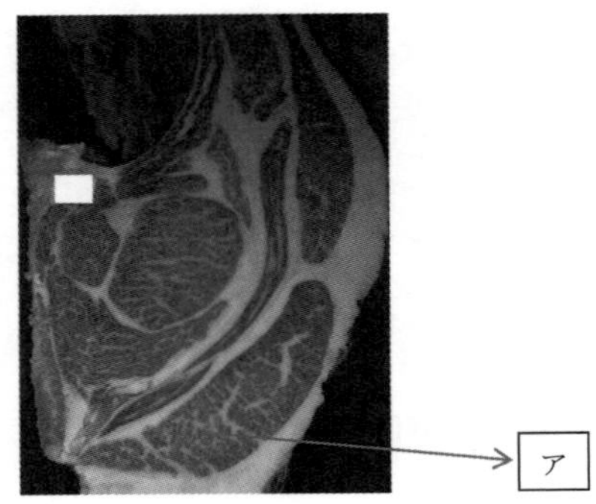

43 □□□

次のうち、原材料として生乳または乳製品以外のものも使用している製品はどれか、最も適切なものを選びなさい。

①成分調整牛乳

②低脂肪牛乳

③牛乳

④乳飲料

⑤加工乳

44 □□□

ウシの体型測定において体長（斜長）を示す部位の組み合わせとして、正しいものを選びなさい。

① AE
② BF
③ CF
④ DE
⑤ DF

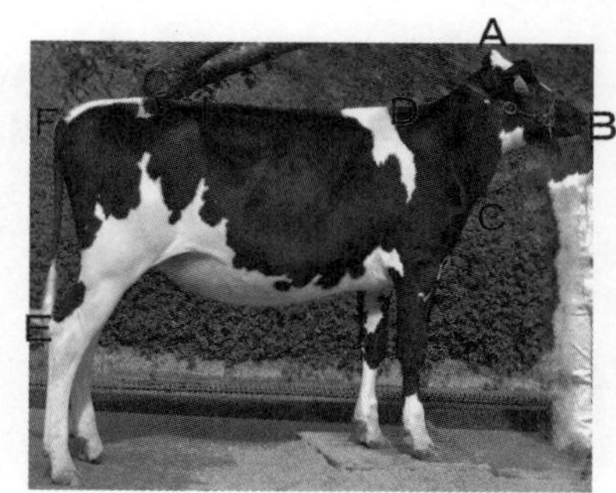

45 □□□

肥育牛の三大死亡原因の組み合わせとして、最も適切なものを選びなさい。

①尿石症・アシドーシス・肝疾患
② BSE・肝疾患・鼓脹症
③肺炎・心不全・鼓脹症
④硝酸塩中毒・心不全・アシドーシス
⑤大腸菌症・サルモネラ症・肺炎

46 □□□

次の器具の名称として、適切なものを選びなさい。

①聴診器
②連続注射器
③精液注入器
④無血去勢器
⑤観血去勢器

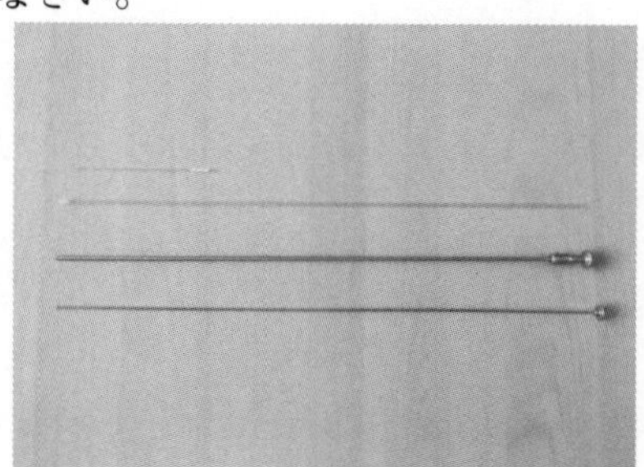

47 □□□

カーフハッチに関する記述として、最も適切なものを選びなさい。

①子牛は寒さに弱いので、冬季には成牛と同じスペースにカーフハッチを設置する。
②使用後も洗浄・消毒し、天日乾燥をする必要はない。
③牛舎内の病原菌から子牛を隔離でき、疾病予防に効果的である。
④保温を優先して密閉状態で飼育する必要がある。
⑤冬季のコンクリートの牛床は冷たいが、子牛は寒さに強いため対策は必要ない。

48 □□□

乳牛の消化特性と生産病に関する説明のうち（A)、(B）に当てはまる語句の組み合わせとして、最も適切なものを選びなさい。

「乳牛は反すう時に大量の唾液を分泌し、その中に含まれる重炭酸ナトリウムのはたらきによって、第1胃内の（A）が一定に保たれる。しかし、分娩直後の乳牛に濃厚飼料を急に多給すると第1胃内でプロピオン酸が急激に産生され、(B）を発症する。」

	A	B
①	pH	ルーメンアシドーシス
②	pH	ケトーシス
③	VFA	ルーメンアシドーシス
④	Ca	ケトーシス
⑤	Ca	乳熱

49 □□□

雌牛の妊娠を維持するホルモンで、最も適切なものを選びなさい。

①エストロゲン
②卵胞刺激ホルモン
③プロスタグランジン
④オキシトシン
⑤プロゲステロン

凍結精液や凍結胚を保存する液体窒素の温度は何℃か、正しいものを選びなさい。

①38℃
②20℃
③0℃
④−96℃
⑤−196℃

選択科目（食品）

11 □□□

「食品安全基本法」に関する記述として、最も適切なものを選びなさい。

①農林物資の品質改善、生産の合理化、取引の正当化などとともに、適当な表示によって消費者の商品選択の助けとなることを目的とした法律。
②過大な景品つき商品販売、誇大な広告や宣伝、不当表示などで消費者をまどわすような販売を防止することを目的とした法律。
③食品・食品添加物・飲食容器・食品用の包装材料における製造・販売・輸入を規制することで、飲食によって起こる衛生上の危害発生の防止を目的とした法律。
④製造物の欠陥によって、人の命や身体または財産に危害が生じた場合、被害者の保護救済を図ることを目的とした法律。
⑤国民の健康保護のため、生産から消費までの各段階に適切で、国際的動向や国民の意向を考慮し、科学的な施策を総合的に行うことを目的とした法律。

12 □□□

壊血病が欠乏症となるビタミンとして、最も適切なものを選びなさい。

①ビタミンB_1
②ビタミンB_2
③ビタミンC
④ビタミンA
⑤ビタミンE

13 □□□

貯蔵や加工中に減少する有機化合物で、体内ではごく微量でよいが、体の働きを正常に保つために必要な栄養素として、最も適切なものを選びなさい。

①炭水化物
②タンパク質
③脂質
④無機質
⑤ビタミン

14 □□□

植物の細胞と細胞を接着している物質で、ジャムゼリー化の重要な要素となるものとして、最も適当なものを選びなさい。

①寒天
②砂糖
③クエン酸
④ペクチン
⑤ゼラチン

15 □□□

ピーナッツに最も多く含まれる成分として、正しいものを選びなさい。

①炭水化物
②脂質
③タンパク質
④灰分
⑤ビタミン

16 □□□

「食品衛生法」に関する記述として、最も適切なものを選びなさい。

①食品の安全性の確保に関し、基本理念を定め、関係者の責務及び役割を明らかにするとともに、施策の策定に係わる基本的な方針を定めることで食品の安全性を確保する。
②食品の安全性の確保のために、公衆衛生の見地から必要な規制その他の措置を講ずることにより、飲食に起因する衛生上の危害の発生を防止する。
③健康食品と呼ばれている食品のうち、一定の要件を満たすものを「保健機能食品」と認め、国民の健康増進と国民保健の向上を図る。
④消費者を惑わす過大な景品つき販売や不当な表示を規制し、公正な競争を確保することで消費者の利益を保護する。
⑤食生活をめぐる環境の変化にともない、国民が生涯にわたって健全な心身を培い、豊かな人間性をはぐくむための食育を促進する。

17 □□□

感染型食中毒の原因菌で、牛の生肉からの感染が多い。潜伏期間は、6時間から72時間で、下痢・腹痛・血便・発熱し、数日後、溶血性尿毒症症候群を発症する。最も適切なものを選びなさい。

①腸炎ビブリオ
②サルモネラ
③ボツリヌス菌
④黄色ブドウ球菌
⑤病原大腸菌

18 □□□

摂取後20分程度で、腹痛・嘔吐・下痢・脱力感・めまいなどが起こる。主にナス科の植物に含まれるステロイドアルカロイド配糖体が原因物質である。最も適切なものを選びなさい。

①シガテラ毒
②アミグダリン
③ムスカリン系毒
④ソラニン
⑤マイコトキシン

19 □□□

人・イルカ・クジラなどを最終宿主とし、イカ・サバなどの生食を感染経路とする寄生虫として、最も適切なものを選びなさい。

①回虫
②アニサキス
③サナダムシ
④無鉤条虫
⑤肺吸虫

20 □□□

パンの製造法のうち、直ごね法と比較して、中種法で作った方が優れている理由として、最も適切なものを選びなさい。

①パン製造にかかる所要時間が短い。
②小麦粉の風味を生かした、個性豊かなパンをつくることができる。
③材料を一緒に混ぜて生地をつくるため、少量生産に適している。
④弾力があり、もっちりとした噛み応えのある食感になる。
⑤デンプンの老化が遅く、やわらかい食感になる。

21 □□□

小麦粉、砂糖、鶏卵を主原料とし、これらの配合割合が1：1：1を標準としてつくられる菓子類として、最も適切なものを選びなさい。

①ハードビスケット
②ソフトビスケット
③スポンジケーキ
④パウンドケーキ
⑤マドレーヌ

22 □□□

デュラム粉を主原料とした加工品として、最も適切なものを選びなさい。

①食パン
②ビスケット
③スポンジケーキ
④スパゲティ
⑤うどん

23 □□□

小麦粉を主原料とした麺製造において、使用する食塩の果たす役割として、最も適切なものを選びなさい。
①小麦粉に含まれるグルテンの結合を引き締め、弾力や粘りを引き出す。
②小麦粉に含まれるデンプンに作用して、生地の発酵を促進させる。
③脱水作用により、生地を乾燥しやすくする。
④加塩量を増やすと、低温時での製造時間を短縮できる。
⑤タンパク質分解酵素の働きを活発にして、生地を柔らかくする。

24 □□□

麦みその原料として、最も適切なものを選びなさい。
①小麦・米
②小麦・大豆
③米・大豆
④大麦・大豆
⑤米・小麦

25 □□□

小麦粉に水を加えて練ると形成され、粘弾性を持ち、パン生地の骨格となる成分として、最も適切なものを選びなさい。
①グルテン
②アミロペクチン
③グリアジン
④アミロース
⑤グルテニン

26 □□□

米粉を利用した麺について、正しいものを選びなさい。
①はるさめ
②きしめん
③ビーフン
④ピータン
⑤豆板醤

27 □□□

下記の文の（A）～（C）に入る最も適切なものを選びなさい。

「あん練りは豆を煮沸して（A）を熱凝固し、中の（B）をα化し、一般（B）よりも大きなあん粒子をつくる。あん粒子は滑らかで、特有の風味を持つが、非常にβ化が早い。そのためα化したあん粒子を保水性の高い（C）でおおって浸透させ、β化を遅らせ、くずれにくい粒子にする。」

	A		B		C
①	細胞膜	—	タンパク質	—	食塩
②	半透膜	—	デンプン粒子	—	油脂
③	核膜	—	ペクチン分子	—	砂糖
④	細胞膜	—	デンプン粒子	—	砂糖
⑤	半透膜	—	ペクチン分子	—	食塩

28 □□□

大豆の加工原理の種類と製品の組み合わせとして、最も適切なものを選びなさい。

①発芽　—　納豆・みそ
②加熱　—　大豆もやし
③磨砕　—　きな粉・豆乳
④抽出　—　煮豆
⑤発酵　—　豆腐・大豆油

29 □□□

カリフラワーを茹でるときに酢を加えると白く発色する色素として、最も適切なものを選びなさい。

①アントシアニン
②フラボノイド
③クロロフィル
④カロテノイド
⑤リコピン

30 □□□

桃のネクターの製造工程の特徴として、最も適切なものを選びなさい。
①インライン搾汁機で、果実を果皮がついたまま搾汁する。
②酸化酵素の活性が高いので、果汁の褐変防止にビタミンCを添加する。
③色素を抽出するために皮ごと加熱して色出しを行う。
④果肉を裏ごししたピューレーをうすめ、砂糖や酸・香料を加える。
⑤組織の軟化を防ぐため、浸透圧に近い濃度のシラップを注入する。

31 □□□

リンゴジュースには混濁ジュースと透明ジュースがある。透明ジュース製造に必要な条件として、最も適切なものを選びなさい。
①収穫直後の原料の使用。
②ショ糖脂肪酸エステル溶液を用いた洗浄。
③アスコルビン酸の添加。
④ペクチン分解酵素の使用。
⑤ビン充填・打栓後の85℃・30分の加熱。

32 □□□

干し柿を綺れいに仕上げるための加工工程として、最も適切なものを選びなさい。
①40～42℃の温湯に浸ける。
②硫黄で燻蒸する。
③30～40%のエタノールを噴霧する。
④0.6%の水酸化ナトリウム溶液に漬ける。
⑤ドライアイスで処理する。

33 □□□

ハムやソーセージの製造において使用するケーシングのうち、ファイブラスケーシングの特徴として、最も適切なものを選びなさい。
①牛・豚・羊などの腸を利用したもので、通気性があり食べることができる。
②動物の皮や筋を粉砕・溶解し成形したもので、大きさ・厚さが均一の可食性ケーシングである。
③強度は高いが、酸素と水分の両方とも非常に通しにくいので、くん煙しない製品の製造に用いられる。
④木材パルプを溶かしたものを薄く成形してつくられており、強度は高いが通気性はなく、食べることもできない。
⑤紙と再生セルロースの複合素材でつくられており、通気性があるためくん煙できるが、食べることはできない。

34 □□□

豚肉加工品で、ばら肉を整形・塩蔵し長時間くん煙処理したものとして、最も適切なものを選びなさい。

①骨付きハム
②ボンレスハム
③ロースハム
④ラックスハム
⑤ベーコン

35 □□□

食肉加工において使用する発色剤について、最も適切なものを選びなさい。

①塩酸塩
②酢酸塩
③炭酸塩
④シュウ酸塩
⑤亜硝酸塩

36 □□□

「乳等省令」により搾乳したままの牛の乳の名称について、正しいものを選びなさい。

①脱脂乳
②生乳
③牛乳
④特別牛乳
⑤乳飲料

37 □□□

一般的なミルクプラントによる牛乳製造の工程で、最も適切なものを選びなさい。

①受乳検査では、遠心分離によってホコリや異物を除く。
②清浄化では、牛乳中の脂肪を分離する。
③予熱工程では、ヒーターで98℃に加熱し、貯乳タンクで脂肪球を砕きやすくする。
④均質工程では、加熱によって牛乳中の病原菌を死滅させ、安全なものにする。
⑤冷却工程では、プレートクーラーを通して牛乳の温度を急速に下げ熱による品質低下を防ぐ。

38 □□□

牛乳の酸度判定に用いる薬品として、最も適切なものを選びなさい。

①水酸化ナトリウム
②イソアミルアルコール
③硫酸
④レサズリン
⑤エチルアルコール

39 □□□

牛乳をメスシリンダーにとり、メスシリンダー内に測定器具を入れ、読み取った値を温度換算して得る牛乳の検査として、最も適切なものを選びなさい。

① pH
②酸度
③比重
④乳糖
⑤脂肪

40 □□□

この機器の名称として、最も適切なものを選びなさい。

①サイレントカッター
②スタッファー
③カードナイフ
④スクリーマー
⑤チーズバット

41 □□□

カマンベールチーズ製造に利用される不完全菌の学名として、最も適切なものを選びなさい。

① *Penicillium camemberti*
② *Penicillium chrysogenum*
③ *Aspergillus oryzae*
④ *Aspergillus niger*
⑤ *Aspergillus glaucus*

42 □□□

主に細菌の作用のみでつくられる発酵食品として、最も適切なものを選びなさい。

①ビール
②かつお節
③テンペ
④チェダーチーズ
⑤ウイスキー

43 □□□

粉乳の製造工程として、最も適切なものを選びなさい。

①原料乳→殺菌→濃縮→成分調整→噴霧乾燥→計量・充填→製品
②原料乳→殺菌→濃縮→噴霧乾燥→成分調整→計量・充填→製品
③原料乳→成分調整→殺菌→濃縮→噴霧乾燥→計量・充填→製品
④原料乳→成分調整→濃縮→噴霧乾燥→殺菌→計量・充填→製品
⑤原料乳→濃縮→成分調整→殺菌→噴霧乾燥→計量・充填→製品

44 □□□

鶏卵に含まれる「カラザ」の特徴として、最も適切なものを選びなさい。

①炭酸カルシウムが主成分である。
②外部から侵入してくる微生物から卵黄を守る。
③卵黄を卵の中央に保つ働きをする。
④起泡性があるため、かくはんすると空気を抱き込んで泡立つ。
⑤乳化性があるため、水と油を混じり合わせることができる。

45 □□□

米麹製造において、よい麹の条件に「はぜ込み」がよいことがあげられるが、「はぜ込み」の説明として、最も適切なものを選びなさい。

①蒸し米を広げて種麹をこすりつけるように揉み、麹菌の胞子が均一に付着した状態。
②麹菌の胞子が発芽・生育し、米粒が光沢を失った状態。
③麹菌の菌糸が米粒の表面に伸び、米粒全体を覆った状態。
④麹菌の菌糸が米粒の中心に向かって伸び、内部まで菌糸が生育した状態。
⑤米麹をよくほぐし、食塩を均一に混ぜた状態。

46 □□□

食酢製造に密接な関係のあるものとして、最も適切なものを選びなさい。

①アミラーゼ
②クエン酸
③プロテアーゼ
④ペクチン
⑤エタノール

47 □□□

下記の工程で製造する製品として、最も適切なものを選びなさい。

原料→「除こう」・「破砕」→「圧搾」→果汁・酵母→「仕込み」・「発酵」→「おり引き」→「熟成」→「ろ過」・「清澄」→製品

①清酒
②ワイン
③ビール
④焼酎
⑤ウイスキー

48 □□□

「和三盆糖」の特徴として、最も適切なものを選びなさい。
①サトウキビのしぼり汁を、そのまま煮詰めたもの。独特な風味と濃厚な甘みを持つ。
②サトウカエデの樹液を煮詰めたもの。
③結晶の大きさが非常に小さく、独特の風味をもつもので、高級和菓子の原料となる。
④結晶が大きく、舌ざわりの荒い感触をもつ。甘みにこくがある。
⑤結晶が大きく、さらさらした感触と光沢をもつ。淡泊な甘みをもつ。

49 □□□

噴霧乾燥法によって製造される食品として、最も適切なものを選びなさい。
①干しブドウ・干しガキ
②ポップコーン・ライスパフ
③粉乳・粉末果汁
④乾燥マッシュポテト・α化デンプン
⑤スナック類・粉末みそ

50 □□□

缶詰製造において、真空ポンプで真空にしながらフタを締める機械として、最も適切なものを選びなさい。
①王冠打栓機
②真空巻締機
③くん煙機
④らいかい機
⑤凍結乾燥機

２０１９年度　第2回（１２月１４日実施）

日本農業技術検定　２級　試験問題

◎受験にあたっては、試験官の指示に従って下さい。
　指示があるまで、問題用紙をめくらないで下さい。
◎受験者氏名、受験番号、選択科目の記入を忘れないで下さい。
◎問題は全部で５０問あります。１～１０が農業一般、１１～５０が選択科目です。
　選択科目は１科目だけ選び、解答用紙に選択した科目をマークして下さい。
　選択科目のマークが未記入の場合には、得点となりません。
◎すべての問題において正答は１つです。１つだけマークして下さい。
　２つ以上マークした場合には得点となりません。
◎試験時間は６０分です（名前や受験番号の記入時間を除く）。

【選択科目】

解答一覧は、「解答・解説編」（別冊）の３ページにあります。

日付			
点数			

農業一般

1 □□□

わが国における農林水産物・食品の流通構造の説明として、最も適切なものを選びなさい。

①集荷・分荷、価格形成、代金決済等の機能を有する卸売市場を介して取引を行う形態が主流となっている。
②大手の食品小売業者が卸機能を有している。
③大手の食品小売業者が生産者側と直接契約をしている。
④生産者を束ねる集出荷業者と直接取引を行う形態が主流となっている。
⑤卸売業者は、主に外食業者や地元小売業者への流通を担っている。

2 □□□

生産、流通、消費等の過程で発生する未利用食品を食品企業や生産現場等からの寄附(ふ)を受けて、必要としている人や施設等に提供する活動として、最も適切なものを選びなさい。

①食品リサイクル
②食品ロス
③フードデザート
④フードチェーン
⑤フードバンク

3 □□□

農産物や食品が店頭に並ぶまでの生産と流通の履歴を明確にさせ、消費者が追跡・確認できるシステムについて、最も適切なものを選びなさい。

① GAP
②ポジティブリスト
③トレーサビリティ
④ JAS
⑤ HACCP

4 □□□

平成28（2016）年４月に改正された農業委員会等に関する法律の農業委員の説明として、最も適切なものを選びなさい。

①市町村議会の同意を要件とする市町村長の任命制に変更になった。
②選挙制に変更になった。
③市町村長の選任制に変更になった。
④選挙制と市町村長の選任制の併用に変更になった。
⑤農地利用最適化推進委員を兼ねることになった。

5 □□□

平成26（2014）年に発足した地域内に分散・錯綜（さくそう）する農地を借り受けて条件整備等を行い、再配分して担い手への集約化を実現する事業を行っているものとして、最も適切なものを選びなさい。

①農事組合法人
②農業共済組合
③農業改良普及
④土地改良区
⑤農地バンク

6 □□□

Ａファームにおける１年間の営業状態は次の通りであった。この時の当期純利益として、最も適切なものを選びなさい。

畜産物売上	42,800千円
飼料費	29,000千円
農薬費	800千円
野菜売上	5,500千円
雇用費	4,800千円
種苗費	250千円
雑　費	450千円

①15,000千円
②35,300千円
③48,300千円
④13,000千円
⑤28,000千円

7 □□□

経営診断を行う際、安全性を分析するときに用いられる財務諸表の分析指標として、最も適切なものを選びなさい。

①自己資本増加率
②総資本総利益率
③自己資本比率
④総資本回転率
⑤経常利益増加率

8 □□□

次の図が説明する農業政策として、最も適切なものを選びなさい。

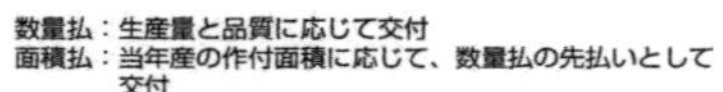

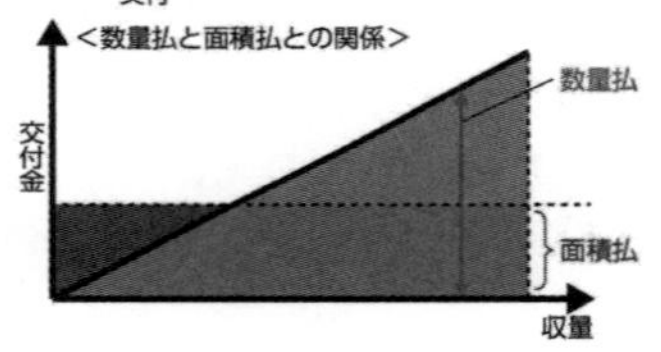

①人・農地プラン
②畑作物の直接支払交付金（ゲタ対策）
③米・畑作物の収入減少影響緩和対策（ナラシ対策）
④収入保険
⑤農業共済

9 □□□

平成24（2012）年度から実施している農業次世代人材投資事業として、最も適切なものを選びなさい。

①就農準備段階（準備型、最大150万円を最長２年間）の時にのみ、支援する資金を交付する。
②経営開始時（経営開始型、最大150万円を最長５年間）の時にのみ、支援する資金を交付する。
③支援する資金は交付せず、農業法人等が実施する新規就農者に対する実践研修への支援をする。
④就農準備段階（準備型、最大150万円を最長２年間）や経営開始時（経営開始型、最大150万円を最長５年間）を支援する資金を交付する。
⑤農業法人等が実施する新規就農者に対する実践研修を支援する。

10 □□□

特定の国・地域の間で、原則10年以内に輸出・輸入にかかる関税や、輸入（輸出）許可を行う際の厳しい基準や条件などを取り払うことを取り決めた協定として、最も適切なものを選びなさい。

① TTP
② FTA
③ WTO
④ EPA
⑤ GATT

選択科目（作物）

11 □□□

イネの種類に関する説明として、最も適切なものを選びなさい。

①世界で栽培されているイネには、アジアイネとアフリカイネがあるが、主な栽培イネはアフリカイネである。

②日本で栽培されているイネのほとんどが温帯ジャポニカである。

③たん水条件で栽培する水稲が多く、畑条件で栽培するイネの種類はない。

④米に含まれるデンプンの種類の違いにより、うるちともちに分けられ、うるちは餅などにして食べるのが一般的である。

⑤デンプンにはアミロースとアミロペクチンがあり、もちのデンプンはアミロースである。

12 □□□

イネの種もみの準備に関する説明として、最も適切なものを選びなさい。

①種もみの準備は、消毒→塩水選→浸種→催芽の順で行う。

②種もみの準備は、塩水選→消毒→催芽→浸種の順で行う。

③充実した種もみを選ぶ塩水選は、うるち種では比重1.13、もち種では比重1.08に調整した塩水に種もみを入れ、沈んだものを使う。

④温湯消毒は、うるち種の場合、約60℃のお湯に30分以上種子を浸す必要がある。

⑤催芽は10～15℃の水温で6～7日かけて行い、幼芽と幼根が1 mm 程度出た「はと胸状態」とする。

13 □□□

イネにおけるケイ酸肥料の効果として、最も適切なものを選びなさい。

①ケイ素は必須元素でないため、ケイ酸肥料を施す必要はない。
②ケイ素が不足すると生育に影響が出ることはあるが、収量には影響しない。
③ケイ酸を施肥することにより、体内でアミノ酸やタンパク質、核酸、クロロフィルなどの構成成分となる。
④ケイ酸肥料は茎葉の表皮にガラスのような膜をつくり、植物体を覆うので倒伏や病害虫を防ぐ。
⑤ケイ素が欠乏すると、光合成が低下し呼吸作用が増加して体内の炭水化物が減る。

14 □□□

表は苗の生育に関する移植時の苗の診断結果を示したものである。栽培評価として、最も適切なものを選びなさい。

項目	目　標　値	実　績　値
葉　　齢	3.2	3.2
草　　丈	13.0cm	16.0cm
乾物量	20mg 以上	18mg
育苗日数	16日	19日

①播種、出芽は順調であったが、緑化期の温度がやや高く、軟弱気味になった。さらに移植が遅れたため、徒長苗となり、苗質が低下した。
②育苗期間中の温度管理が低かったために徒長苗となったが、成苗まで育苗できそうにないので乳苗状態で移植せざるを得ない状況となった。
③播種、出芽は順調であったが、緑化期の温度がやや低く、軟弱気味になった。さらに移植が早かったため、苗質が低下した。
④乾物量が低くても草丈が目標を上回っているために健全な稚苗が準備できた。
⑤葉齢は目標値に達し、生育は順調で目標を超える生育ぶりであった。

15 □□□

中干しの説明として、最も適切なものを選びなさい。

①一時落水してもすぐにほ場は固まらず、不要な作業である。
②地表の亀裂で土中に酸素が供給され、根腐れが抑制される。
③窒素吸収を制限されるため、有効分げつが大幅に減少する。
④水稲の根を切るため、生育・収量が抑制される。
⑤中干しは出穂直前がよく、地表を硬くする。

16 □□□

イネの本田の水管理の説明として、最も適切なものを選びなさい。

①移植後（田植え後）は水深２ cm 程度の浅水とし、苗の活着を促す。
②活着後から分げつ期は水深６ cm 程度の深水にして、分げつの発生を促す。
③中干しはかんがいを停止して田面を干すことで、幼穂分化期に入ってから１週間ほど行う。
④かけ流しかんがいは低温による生育障害を回避・軽減するために幼穂分化期以降、排水溝を開けた状態にして入水する水管理である。
⑤かんがい水を最も必要とする時期は、移植後から活着期までと穂ばらみ期から糊熟期頃までである。

17 □□□

イネの栽培におけるもみ数の増加と登熟歩合の向上に効果がある追肥として、最も適切なものを選びなさい。

①活着肥
②分げつ肥
③つなぎ肥
④穂肥
⑤実肥

18 □□□

この１年生水田雑草の名称として、最も適切なものを選びなさい。

①コナギ
②ミズアオイ
③ウリカワ
④ヒルムシロ
⑤アゼムシロ

19 □□□

イネのばか苗病の説明として、最も適切なものを選びなさい。

①種子予措や播種作業でも感染する。
②病気は感染しにくいので、発病株を除去し自家採種する。
③薬剤に耐性菌はないので、種子消毒は不要である。
④感染した種子は消毒して使用する。
⑤育苗中では発生せず、移植後の本田でのみ発病する。

20 □□□

イネに加害するカメムシ類の説明として、最も適切なものを選びなさい。

①カメムシ類による加害により、乳白米が生じる。
②胴割れ米はカメムシ類の加害により生じる。
③斑点米はカメムシ類が葉に加害したために生じる。
④カメムシ類はイネの成熟後にもみに加害し、斑点米を作る。
⑤イネの出穂前に畦畔の草刈りを行い、カメムシ類の被害を減らす。

21 □□□

イネの収穫時期の説明として、最も適切なものを選びなさい。

①収穫遅れは茶米や穂発芽を増加させる。
②胴割れ米の発生は、カメムシによる加害による。
③収穫が遅い方が食味は向上する。
④玄米は出穂後20日から25日に最大になるので、この頃収穫する。
⑤成熟期前の収穫は刈り遅れに比べて、もみの乾燥の時間が短い。

22 □□□

イネの収穫・調製に関する記述として、最も適切なものを選びなさい。
①イネの刈り取りのほとんどを普通コンバインで行う。
②もみを長期保存するために、もみの水分含量を20%程度まで乾燥させる。
③もみの乾燥は火力通風乾燥機を用い、40℃以上の高温で急激に乾燥させる。
④もみすりや玄米を選別する作業を調製という。
⑤もみすり歩合は重量で50～60%、容量で80～85%である。

23 □□□

飼料用イネ栽培に関する説明として、最も適切なものを選びなさい。
①吸肥性が強く肥料は食用イネの半量以下にする。
②家畜の嗜好性を良くするため、出穂後の追肥はしない。
③肥料の吸収を抑制させないよう中干しはしない。
④もみ千粒重の重い品種が多いため、播種量は多めにする。
⑤除草剤等の農薬は食用イネと同様に使用できる。

24 □□□

麦類の種類と用途に関する記述として、最も適切なものを選びなさい。
①グルテン含有量の少ない小麦粉を強力粉という。
②小麦粉における薄力粉は食パン加工に利用される。
③２粒系のデュラムコムギは、パスタやマカロニなどに利用される。
④６条オオムギはビールムギといわれ、ビール醸造用原料となる。
⑤エンバクは100%飼料用として生産されている。

25 □□□

ムギ類の作付けに関する説明として、最も適切なものを選びなさい。
①オオムギは、コムギに比べて肥えた中性の土を好み、湿害に弱い。
②ムギ類は畑作物の中で投下労働時間が多く、省力化が進んでいない。
③施肥量は10a当たり成分量で窒素30kg前後が普通である。
④ムギ類の施肥法は、イネと違い元肥のみで追肥は施さないのが普通である。
⑤水田の場合は必ずうね立てをして栽培する必要がある。

26 □□□

オオムギの特性として、最も適切なものを選びなさい。

①コムギより耐湿性に優れるので、水田転作物として最適である。
②コムギより耐寒性が劣るので、適期に播種を行い、遅くならないようにする。
③土壌の酸性には強いので、石灰の施用は必要がない。
④コムギより成熟期は遅いので、水田裏作や輪作体系に取り入れにくい。
⑤ほとんどがもち性品種で、わずかにうるち性品種がある。

27 □□□

ビール用オオムギに求められる条件として、最も適切なものを選びなさい。

①穀粒は粉砕して使用するので、発芽率が低くてもよい。
②穀粒のタンパク質含有率は9～11%と少ないものがよい。
③穀粒の大きさは、特にそろっていなくてよい。
④穀粒は、はじめから皮むけしているものが加工しやすい。
⑤わが国では、ビール用オオムギとして6条オオムギの品種も数多く利用される。

28 □□□

下図は麦類の穂を示したものである。最も適切な組み合わせを選びなさい。

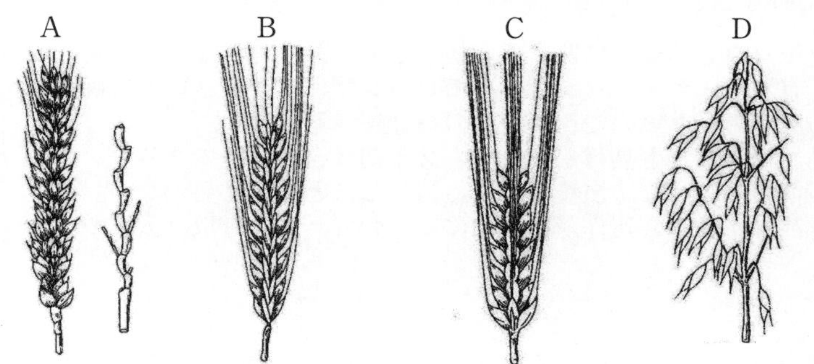

	A	B	C	D
①	エンバク	2条オオムギ	コムギ	6条オオムギ
②	コムギ	6条オオムギ	2条オオムギ	エンバク
③	2条オオムギ	6条オオムギ	エンバク	コムギ
④	コムギ	2条オオムギ	6条オオムギ	エンバク
⑤	6条オオムギ	エンバク	コムギ	2条オオムギ

2019年度 第2回

29 □□□

麦類の種子の準備に関する説明として、最も適切なものを選びなさい。
①コムギ種子を塩水選する場合の塩水比重は1.12g／cm^3である。
②種子伝染する赤さび病の予防のため、温湯浸法が効果的である。
③コムギ種子を温湯浸法で消毒する場合は、60℃で10分浸し、冷水で冷ます。
④オオムギ種子を温湯浸法で消毒する場合は、43℃の温湯に８～10時間放置して自然に温度を冷ます。
⑤なまぐさ黒穂病は種子内部に病原体が侵入しているため、薬剤消毒は効果がない。

30 □□□

麦類の湿害とその対策に関する説明として、最も適切なものを選びなさい。
①湿害によりムギの根の呼吸が妨げられるが、根が伸び株全体の成長を促す。
②水分が高いときに耕耘(うん)すると湿害を回避できる。
③耕盤を破砕すると湿害が助長される。
④暗きょ排水は、湿害を回避するだけでなく、ほ場を有効利用できる。
⑤過湿は冬期に生じやすく、春以降は軽減される。

31 □□□

トウモロコシの栽培に関する記述として、最も適切なものを選びなさい。
①青刈り・サイレージ用トウモロコシは、株が大きいので疎植にする。
②吸肥力が強いので、野菜との輪作には適さない。
③ハイブリッド品種が多いが、２年間は自家採種できる。
④病害虫は少なく、農薬による防除はほとんど必要がない。
⑤品種が多く、連作障害が出にくいので、経営に取り入れやすい。

32 □□□

トウモロコシ栽培に関する記述として、最も適切なものを選びなさい。
①様々な品種を栽培し、数多くのトウモロコシを収穫できるようにする。
②播種や植え付けは、ちどり（千鳥）状にして、受粉をさせやすくする。
③分げつが多いため、株間を広く取り栽培する。
④根が広範囲に伸びるため、肥料が少なくても多収量が望める。
⑤根が多く発生するため、土寄せを行わなくても倒伏の恐れがない。

33 □□□

この害虫によるトウモロコシの被害に関する説明として、最も適切なものを選びなさい。

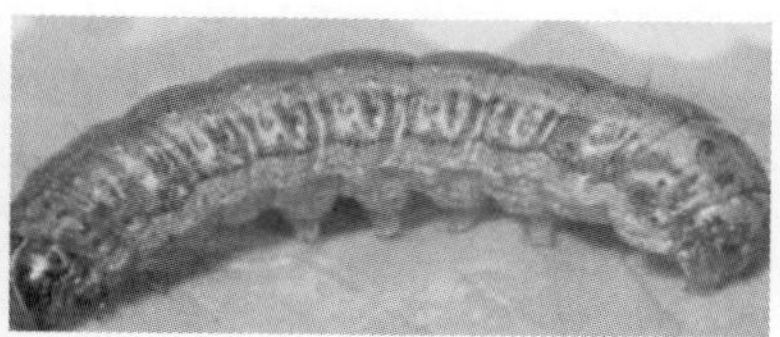

①葉を周縁部から中肋を残して食害する。食害部分がかなり広いにもかかわらず、ふつう加害虫の姿はみられない。
②被害を生じる時期は、出穂後が最も多い。
③被害株を見ると、日中でも暴食する様子を見つけることができるので、発見しやすい。
④作付地域では必ず大発生し、多大な被害をもたらすので防除は必ず行う。
⑤この害虫は寒冷地での分布が多いので、北海道における被害が著しい。

34 □□□

トウモロコシの病害虫に関する記述として、最も適切なものを選びなさい。
①アワヨトウは夜間だけでなく昼間にも食害するので、発見しやすい。
②アワノメイガは雌穂にも食い込むので、被害のきわめて大きい害虫である。
③ハリガネムシは、トウモロコシ特有の害虫である。
④すす紋病は、生育期中期以降高温乾燥条件が続くと多発する。
⑤黒穂病は、アブラムシが媒介する細菌病である。

35 □□□

デントコーンの説明として、最も適切なものを選びなさい。

①ほとんど硬質デンプンで、加熱すると胚乳部がはじける。菓子用に使われる。
②糖分が多く、乾燥すると表面にしわができる。生食用、缶詰用に使われる。
③外側が硬質デンプンで、子実の上部は丸い。食用、飼料用、工業原料用に適している。
④子実の上部が軟質デンプンでくぼんでいる。収量が多く飼料用に適している。
⑤ろう質のような外観で、胚乳部はもち性。菓子や工業原料用に使われる。

36 □□□

ダイズの特性について、最も適切なものを選びなさい。

①ダイズはマメ科の一年生作物であるが、エダマメとは全く異なる作物である。
②ダイズは連作障害が起きにくい作物のため、同じ場所に作付けができる。
③早生品種は、一般に晩生品種よりも多収を期待できる。
④ダイズの根に共生する根粒菌は、土壌中の細菌である。
⑤ダイズの種子は、イネと同じ有胚乳種子で、胚と胚乳から構成されている。

37 □□□

ダイズの栽培管理に関する記述として、最も適切なものを選びなさい。

①タンパク質や脂肪含量が多いので、種子の寿命は長く、３年前の種子も播種できる。
②ダイズは連作に強いので、一般に水田転換畑では５年程度連作する。
③生育後半は根粒菌の活動が低下するので、開花期に窒素肥料を追肥することもある。
④中耕・培土はダイズの生育を抑えるので、なるべく行わない方がよい。
⑤コンバイン収穫の時は、莢がはじけないように湿度が高い早朝に収穫する。

38 □□□

ダイズの莢に被害を与える害虫として、最も適切なものを選びなさい。

①アオクサカメムシ
②フキノメイガ
③マメシンクイガ
④ダイズサヤタマバエ
⑤ホソヘリカメムシ

39 □□□

写真のダイズの病気に関する説明として、最も適切なものを選びなさい。

①紫斑病といい、糸状菌により発病する種子伝染性の病気である。
②紫斑病といい、ウイルス病である。
③モザイク病といい、ウイルス病である。
④萎縮病といい、ウイルス病である。
⑤カメムシに食害されたところからカビが侵入し変色した。

40 □□□

ジャガイモの特性に関する説明として、最も適切なものを選びなさい。

①根が肥大して塊状になった塊根である。
②コンニャクと同じサトイモ科である。
③イモの栄養成分が100%デンプンであるため、偏った食品である。
④温暖な気候を好み、30℃を超える気温では生育が促進される。
⑤多量の炭水化物の他にタンパク質やビタミンも豊富に含まれている。

41 □□□

ジャガイモの栽培管理に関する説明として、最も適切なものを選びなさい。

①露出による塊茎の緑化を図るため、土寄せは行わない。
②大きい種いもは、切断すると腐敗しやすいためそのまま植え付ける。
③収穫後は塊茎についた土を乾かすため、日当たりと風通しの良い場所に置く。
④種いもを切断したときは、腐敗を防ぐためよく乾かしてから植え付けを行う。
⑤多湿な土壌を好むため、平うねで水が溜まりやすい場所に植えるのが良い。

42 □□□

ジャガイモの生育に関する説明として、最も適切なものを選びなさい。

①光合成速度は気温によって変化し、30℃以上になると数倍の速度になる。
②葉はすべて複葉で、頂葉、小葉、間葉からなる。
③主茎数は品種や休眠後日数に関係なく10本以上できるので、過繁茂に注意して除茎する必要がある。
④他の作物に比べ葉面積の増加が早く、ほう芽後早期に葉面積指数を３程度に確保して保持することが重要である。
⑤根は品種に関係なく、１ｍ以上の深さに達するため土壌乾燥の影響は受けにくい。

43 □□□

ジャガイモの貯蔵条件として、最も適切なものを選びなさい。

温度	湿度
①13～14℃	95%
②８～10℃	95%
③２～５℃	95%
④０～２℃	95%以上
⑤０℃	65～70%

44 □□□

この収穫調製機械を使用して収穫できる作物として、最も適切なものを選びなさい。

①イネ
②コムギ
③トウモロコシ
④ジャガイモ
⑤ダイズ

45 □□□

サツマイモの特性と栽培管理についての説明として、最も適切なものを選びなさい。

①サツマイモの糖度を増すため、5℃以下の低温貯蔵を行う。
②収穫や運搬でついた傷口を乾かすため、湿度は気にせず温度を高く保って乾かした。
③植え付けをする際は、イモの肥大を促進させる水平植えが良い。
④サツマイモは、ヒルガオ科の塊根を食用とする作物である。
⑤サツマイモは、窒素を多く必要とする作物であるため、元肥の他にも追肥で窒素を補う。

46 □□□

サツマイモの栽培管理の記述として、最も適切なものを選びなさい。

①通常、10a 当たり窒素成分で３～５ kg の施用が適切である。
②窒素吸収量が多いので、生育期間中窒素を５ kg 程度追肥する。
③通常、高畦栽培を行うが、最近は平畦栽培が増加している。
④石灰の吸収量が多いので、pH は7.5程度が適する。
⑤カリの吸収量は少なく、10a 当たり成分で３～５ kg の施用が適切である。

2019年度 第2回

2019年度 第2回

47 □□□

サツマイモの利用に関する記述として、最も適切なものを選びなさい。

①国内で生産されるサツマイモの80%がデンプンとして利用される。
②かつてはアルコール醸造用として多く利用されたが、現在はほとんどない。
③焼いもなどに利用する生食用の割合が最も多い。
④いも、茎葉とも栄養価が高く飼料用としての利用が増加している。
⑤加工食品専用としての品種が最も多い。

48 □□□

ダイズの基肥として、肥料成分（5－15－20）の化成肥料を用いて窒素肥料を10a 当たり5 kg 施用するには、化成肥料が何 kg 必要か、最も適切なものを選びなさい。

①5 kg
②15kg
③20kg
④30kg
⑤100kg

49 □□□

田植えを畦間30cm、株間15cm の設定で行った。この時の栽植密度を求め、最も適切なものを選びなさい。

①15株／㎡
②22株／㎡
③30株／㎡
④45株／㎡
⑤450株／㎡

50 □□□

ジャガイモの害虫であるニジュウヤホシテントウを防除するために、下のラベルが添付された農薬を200L 作りたい。薬剤は何 mL 必要か、最も適切なものを選びなさい。

①10mL
②20mL
③100mL
④200mL
⑤500mL

作物名	適用害虫名	希釈倍数(倍)
ばれいしょ	アブラムシ類	1,000~2,000
	ジャガイモガ、ナストビハムシ ニジュウヤホシテントウ	1,000
にんじん	ヨトウムシ、ハスモンヨトウ、アブラムシ類	
かぼちゃ	ワタアブラムシ	
ごぼう	アブラムシ類	

選択科目（野菜）

11 □□□

写真のネギの病気名として、最も適切なものを選びなさい。

①べと病
②黒はん病
③さび病
④萎縮病
⑤軟腐病

12 □□□

写真の機器が計測できる項目を選びなさい。

①土壌中の温度
②土壌中の水分
③土壌中の塩分
④土壌の硬度（硬さ）
⑤土壌の深さ

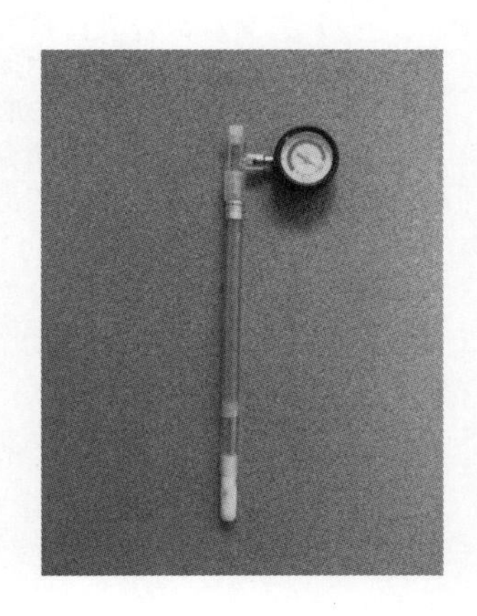

13 □□□

ナスの接ぎ木の写真であるが、この接ぎ木方法の最も適切な呼び名を選びなさい。

※左の図の拡大写真

①挿し接ぎ
②呼び接ぎ
③割り接ぎ
④芽接ぎ
⑤ピン接ぎ

14 □□□

カボチャの葉に写真のような、害虫による食害が見られた。この食害から推測される害虫名として、最も適切なものを選びなさい。

①アブラムシの吸汁痕である。
②スリップスの食害である。
③ハモグリバエ成虫の吸汁痕である。
④ハモグリバエ幼虫の食害である。
⑤コナガ幼虫の食害である。

15 □□□

写真に示すニンジンの生理障害の発生要因として、最も適切なものを選びなさい。

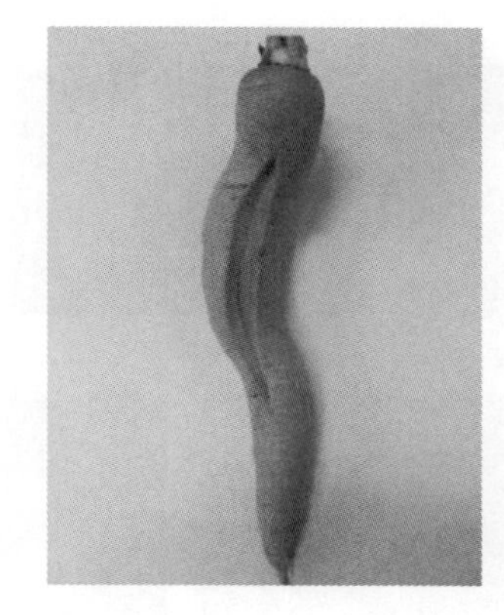

①根の直下に濃い化学肥料や未熟堆肥があったり、土壌センチュウにより発生する。
②乾燥した後の降雨や、収穫が遅れると発生する。
③カロテン生成の低下により発生する。
④光に当たって葉緑素がつくられるため発生する。
⑤ある一定の期間低温にあった後、暖かくなると発生する。

16 □□□

次の野菜の花の写真の中から、ハクサイと同じ科に分類されるものとして、最も適切なものを選びなさい。

① ② ③ ④ ⑤

17 □□□

高温・多湿の時期に多く発生し、葉柄および根部が腐敗し悪臭を発するダイコンの病気の名称とその原因の組み合わせについて、最も適切なものを選びなさい。

病　名	原　因
①モザイク病	糸状菌
②軟腐病	細菌
③いおう病	糸状菌
④軟腐病	ウイルス
⑤いおう病	細菌

18 □□□

化成肥料袋の成分として、N － P － K（10－８－８）の表示がある肥料を、窒素成分を10a当たり16Kg施す場合、30aの畑ではこの肥料を何Kg施用すればよいか、最も適切なものを選びなさい。

①160Kg
②200Kg
③240Kg
④320Kg
⑤480Kg

19 □□□

イチゴの生育特性の記述として、最も適切なものを選びなさい。

①株は10～15℃に一定期間あうと休眠打破される。
②光飽和点は、５万ルクスと強い光を好む。
③ランナーは、長日・高温条件で発生する。
④子株は、ランナーの基部につく。
⑤自然環境下での花芽分化は８月上旬頃から始まり、９月中旬に花芽が形成される。

20 □□□

キュウリの定植時期（生育ステージ）として、最も適切なものを選びなさい。

①本葉３～４枚の時期
②子葉の展開時期
③第１花の開花期
④本葉の出始め期
⑤発芽直後期

21 □□□

野菜栽培における農薬散布の注意事項として、最も適切なものを選びなさい。

①効果が期待できる高濃度の薬液の散布を実施する。
②ラベル等に記載された使用法を順守し適量散布を実施する。
③害虫の最も多く発生する時期に散布する。
④夏季の高温時には作業者の熱中症に注意し、薄着での散布を心掛ける。
⑤病害虫を全滅させるため、同じ農薬を連続して使用する。

22 □□□

一般的な展着剤、乳剤、水和剤を混用して農薬散布を行う場合の農薬の混用順番として、最も適切なものを選びなさい。

①展着剤 → 乳剤 → 水和剤
②展着剤 → 水和剤 → 乳剤
③乳剤 → 展着剤 → 水和剤
④水和剤 → 展着剤 → 乳剤
⑤水和剤 → 乳剤 → 展着剤

23 □□□

野菜の需給・生産動向についての記述として、最も適切なものを選びなさい。

①平成28年度における野菜の需給構造は国内生産量が約70%、輸入量が約30%である。
②平成29年度の野菜産出額は約3兆円で畜産算出額より多い。品目別にはキュウリ、キャベツ、ダイコンの順に多い。
③野菜の一人当たり消費量は近年変化がなく、世代別では20歳代～30歳代では増加傾向にある。
④平成29年の生鮮野菜の輸入品目はタマネギ、カボチャ、ニンジン、ネギ、ゴボウの5品目で全体の約7割を占める。
⑤平成27年の野菜需要のうち加工・業務用の割合は全体の約7割程度、加工・業務用需要に占める国産割合は約6割である。

24 □□□

生物農薬として販売されているこの昆虫は、捕食により高い防除効果を発揮する。対象害虫として、最も適切なものを選びなさい。

①アブラムシ類
②センチュウ類
③コナジラミ類
④チョウ・ガ類
⑤ダニ類

25 □□□

ホウレンソウ栽培の記述として、最も適切なものを選びなさい。

①土壌の適応性が広く、酸性と過湿の土壌を好む。
②夏穫り栽培では、気温が上がり、日長も長くなるので栽培がしやすい。
③種皮がやわらかく吸水しやすいので、発芽が揃いやすい。
④カロテンと鉄を多く含み、冬穫り栽培は春・夏栽培に比べ、栄養価が高い。
⑤西洋種は葉先が尖り、抽台しやすいため、秋・冬栽培に利用される。

26 □□□

野菜の種子処理の記述として、最も適切なものを選びなさい。

①ウリ科植物では、ウイルスの除去の目的のため70～73℃で7～9日乾熱処理する。
②トマトでは、種子を封入したテープ（シードテープ）が利用されている。
③カボチャやニガウリなどでは、コーティング種子が利用されている。
④ホウレンソウでは、果皮を除去したネイキッド種子が利用される。
⑤発芽促進処理として、ベノミル剤やチウラム剤に浸せき処理を行う。

27 □□□

写真の植物を栽培することにより得られる効果として、最も適切なものを選びなさい。

①アブラナ科野菜における「根こぶ病」の防除に有効である。
②根菜類における「ネグサレセンチュウ」の防除に有効である。
③根菜類における「ネコブセンチュウ」の防除に有効である。
④野菜類を食害する「アブラムシ」の防除に有効である
⑤野菜類を食害する「ダニ類」の防除に有効である。

28 □□□

写真の野菜の科名のうち、最も適切なものを選びなさい。

①アカザ科
②マメ科
③ナス科
④アブラナ科
⑤ヒガンバナ科

29 □□□

レタスの栽培に関する記述として、最も適切なものを選びなさい。

①発芽適温は15～20℃と野菜の中では低く、高温によって休眠し発芽が悪くなる。
②播種時は、種子の２～３倍程度しっかりと覆土し暗黒条件を保つ。
③過湿よりも乾燥に弱いので、水田裏作であっても高うねにはしない。
④冷涼な気候を好む。低温にも極めて強く、結球後も霜や凍害の影響を受けることはない。
⑤結球レタスと非結球レタスとで、農薬の登録に区別はなく同じ農薬が使用できる。

30 □□□

写真の赤色防虫ネットの効果について、最も適切なものを選びなさい。

①赤色は警戒色となり、害虫が近寄らない。
②赤色の波長によってアザミウマ類などの微小な害虫は、黒い膜に見えて侵入しづらくなる。
③光に対して赤色ネットが最もよく反射し、アブラムシ類などが光を嫌い近寄らない。
④赤いネットを利用することによって、破損部分がわかりやすくなり、管理がしやすい。
⑤赤色に天敵昆虫が集まる習性があり、ハウス周辺に天敵昆虫を温存する効果がある。

31 □□□

キアゲハの幼虫が食害する野菜として、最も適切なものを選びなさい。
①キャベツ
②ニンジン
③トマト
④レタス
⑤ホウレンソウ

32 □□□

次の写真の説明として、最も適切なものを選びなさい。

①写真はカボチャの雄花である。
②写真はカボチャの雌花で、雄花からの花粉により受粉する。
③写真はカボチャの雌花で、自家受粉できる。
④写真はカボチャの両生花で、自家受粉できる。
⑤写真はカボチャの両生花で、他家受粉が必要である。

33 □□□

早春に早掘りサツマイモを定植するときに、なるべく早く出荷するため、地温を上昇させたい。下のフィルムの中で、マルチングに使用した場合に、日中の地温上昇効果が一番高いものはどれか、最も適切なものを選びなさい。

①白色
②緑色
③シルバー
④黒
⑤透明（無色）

34 □□□

写真はスイカの雌花である。交配に関する注意事項のうち、最も適切なものを選びなさい。

①花粉の活性の高い午後に実施する。
②受粉に多くの水分を要するため、雨天のほうが受粉率が高い。
③晴天時の雌花開花後１～２時間がもっとも受粉率が高い。
④花粉は高温に弱いので低温管理を心掛ける。
⑤受粉率の最も高い雌花の開花直後の早朝に実施する。

35 □□□

写真は夏季のブロッコリー産地の集出荷施設で見られるブロッコリー出荷箱であるが、その説明として最も適切なものを選びなさい。

①緩衝材を詰めて輸送中の荷の動きを防止する。
②クラッシュアイスを詰めて害虫を駆除する。
③クラッシュアイスを詰めて輸送中の温度上昇による品質低下を防止する。
④クラッシュアイスを詰めて荷崩れを防ぐ。
⑤クラッシュアイスでブロッコリーに味を加える。

36 □□□

キャベツ・白菜・ブロッコリーなどに発生する「根こぶ病」に関する記載のうち、最も適切なものを選びなさい。

①病原菌は空気伝染し、一気に蔓延する。
②アブラムシ等の害虫によって伝染するので、殺虫剤の散布が有効である。
③根部に寄生する「センチュウ」が原因で、土壌消毒が有効である。
④種子伝染するため、感染していない優良種子を利用する。
⑤土壌伝染し、著しい収量低下を招くため連作を避ける。

37 □□□

写真の害虫名として、最も適切なものを選びなさい。

①アブラムシ
②ハダニ
③アザミウマ（スリップス）
④キスジノミハムシ
⑤コナガ

38 □□□

写真に示すナスの病気の名称とその発生原因となりうる害虫の組み合わせとして、最も適切なものを選びなさい。

病　名	害虫名
①うどんこ病	アブラムシ
②べと病	コナガ
③すす病	ミナミキイロアザミウマ
④べと病	ハダニ
⑤すす病	コナジラミ

39 □□□

一般的なブロッコリーの花蕾形成の説明として、最も適切なものを選びなさい。

①温度は関係しない。
②幼植物体の時期における15～20℃以上の高温が４～６週間必要である。
③幼植物体の時期における15～20℃以下の低温が４～６週間必要である。
④種子の時期における15～20℃以上の高温が４～６日間必要である。
⑤種子の時期における15～20℃以下の低温が４～６日間必要である。

40 □□□

施設園芸において写真のボンベはどのような目的で設置されているか、最も適切なものを選びなさい。

①冬季の晴天時に窓が閉じた状態になると、CO_2が不足する状況になるため、光合成促進のためにCO_2を施用する。
②年間を通じて炭酸ガスが不足する状況になるため、転流促進のためにCO_2を施用する。
③冬季にはCO_2が不足する状況になるため、光合成促進のために夜間にのみ炭酸ガスを施用する。
④冬季の晴天時に窓が閉じた状態になると、酸素が不足する状況になるため、光合成促進のために炭酸ガスを施用する。
⑤作物にスリップスが発生した時に、防除のために施設に炭酸ガスを注入する。

41 □□□

写真はトマトの障害果を示したものである。この障害（果実の黒変）の原因として、最も適切なものを選びなさい。

①受精不良によるもの。
②日照不足によるもの。
③低温障害によるもの。
④カルシウムの不足によるもの。
⑤リン酸の不足によるもの。

42 □□□

写真は害虫の食害痕であるが、最も適切なものを選びなさい。

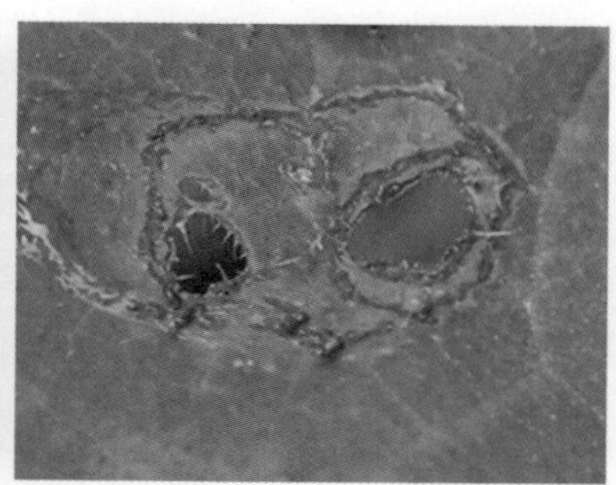

①アブラムシ
②ウリハムシ
③ハダニ
④ハスモンヨトウ
⑤キスジノミハムシ

43 □□□

以下に記載する野菜のうち、アブラナ科に属さない野菜を選びなさい。
①ブロッコリー
②レタス
③カリフラワー
④キャベツ
⑤コマツナ

44 □□□

写真はレタス産地の集出荷施設でよく見られる施設であるが、その説明として最も適切なものを選びなさい。

①レタスをトラックに積み込む装置である。
②レタスを熟成するための恒温庫である。
③レタスの品温を急激に下げるための真空冷却装置である。
④レタスの品温を徐々に下げるための冷蔵庫である。
⑤レタスの害虫を駆除するための密閉庫である。

45 □□□

写真に示すトマトの生理障害の発生要因として、最も適切なものを選びなさい。

①日照不足による同化産物の不足やカリの吸収不足により発生する。
②乾湿の激しい時に発生する。
③子房発育時の軽度の低温により発生する。
④子房発育時の強度の低温により発生する。
⑤30℃以上の高温で光線が弱いときや、つぼみにホルモン処理を行うと発生する。

46 □□□

ニンジンの根形は根部肥大期における地温条件で変化するが、高温の場合にできる根形はどれか、最も適切なものを選びなさい。

47 □□□

写真に示すダイコンの害虫の名称について、最も適切なものを選びなさい。

成虫

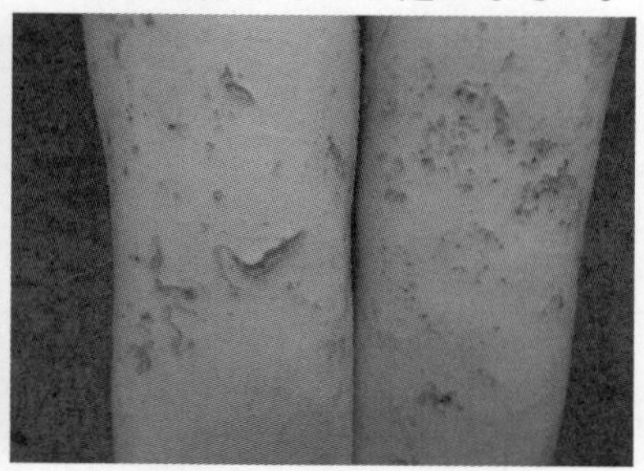
幼虫による食害痕

①キスジノミハムシ
②ハイダラノメイガ
③ニジュウヤホシテントウ
④アオムシ
⑤カブラハバチ

48 □□□

養液栽培方式の説明として、最も適切なものを選びなさい。

①ロックウール栽培システムは、栽培ベッドに小石を入れ、養液を給液して作物を栽培するシステムである。
②ロックウール栽培システムは、岩などを高温で溶かし立体状に成型したマットに育苗した苗を定植して育てるシステムである。
③ NFT は、養液が入ったベッドにエアレーションをして作物を育てるシステムである。
④ NFT は、養液が入った２つのベッド間で、養液を交換しながら栽培するシステムである。
⑤通常トマトの養液の EC 濃度は、１～３ mS/m 程度で栽培する。

49 □□□

キュウリに関する記述のうち、最も適切なものを選びなさい。

①アブラナ科のツル性植物で、施設栽培が多く取り入れられている。
②他家受粉によって果実が肥大する。
③雌雄異花同株のツル性植物である。
④果実は受粉することなく肥大するため、種子ができない。
⑤植物の特性上、苗の挿し木や接木をすることができない。

50 □□□

スイートコーンに写真のような害虫が見られた。この害虫によりスイートコーンにどのような被害が予測されるか、最も適切なものを選びなさい。

①雌花の外皮に群生して排泄物で外皮が黒くよごれる。
②雌花の芯に幼虫が侵入し、子実を加害する。
③雌花に群生し、開花を促進する。
④葉へのうどんこ病発生が増加する。
⑤株元が腐敗し、株全体が倒伏する。

選択科目（花き）

11 □□□

写真の花きの名称として、最も適切なものを選びなさい。

①ベゴニア　センパフローレンス
②エラチオール　ベゴニア
③球根ベゴニア
④木立ベゴニア
⑤根茎ベゴニア

12 □□□

写真の草花の名称として、最も適切なものを選びなさい。

①プリムラ　オブコニカ
②プリムラ　ポリアンサ
③プリムラ　マラコイデス
④プリムラ　シネンシス
⑤日本サクラソウ

13 □□□

春まき一年草に分類されるものを選びなさい。

①パンジー
②チューリップ
③オダマキ
④マリーゴールド
⑤ハボタン

14 □□□

発芽適温が最も低いものを選びなさい。

①インパチェンス
②パンジー
③サルビア
④ペチュニア
⑤ニチニチソウ

15 □□□

写真の花きの説明として、最も適切なものを選びなさい。

①耐暑性があるので、30℃以上でも順調に生育が進む。
②球根植物であるため、種子での繁殖は不可能である。
③栽培期間が長く、根腐れのおそれがあるため底面給水は適さない。
④ジベレリンなど開花促進のための植物成長調整剤を使用することがある。
⑤栄養成長を抑え、花の数を増やすため、生育初期からリン酸を多めに施す。

16 □□□

2000鉢のシクラメンに、農薬（希釈済みのもの）を1鉢当たり5 mL 散布したい。農薬（希釈済みのもの）は何L必要か。最も適切なものを選びなさい。

①1 L
②2 L
③5 L
④10L
⑤20L

17 □□□

シクラメンの葉腐細菌病の予防に効果がある農薬はどれか、最も適切なものを選びなさい。

① DDVP 剤
②有機銅水和剤
③アセフェート水和剤
④ MEP 乳剤
⑤ DEP 乳剤

18 □□□

写真の害虫の説明として、最も適切なものを選びなさい。

①葉の汁を吸う吸汁害虫である。
②葉を食害する害虫である。
③病気を媒介することはない。
④低温下で活動が活発になる。
⑤温室内には発生しない。

19 □□□

ハウス内のこの設備の役割として、最も適切なものを選びなさい。

①加湿
②除湿
③加温
④冷房
⑤排気

20 □□□

秋ギクの抑制栽培の技術として、最も適切なものを選びなさい。

①バーナリゼーション（春化処理）
②シェード（遮光）栽培
③電照栽培
④ポストハーベスト
⑤マルチング

21 □□□

植物成長調整剤の使用目的として、最も適切なものを選びなさい。

	植物成長調整剤	使用目的
①	ダミノジット (SADH)	わい化
②	ウニコナゾール	開花促進
③	ベンジルアデニン (BA)	発根促進
④	インドール酪酸 (IBA)	腋芽促進
⑤	ナフタレン酢酸 (NAA)	開花促進

22 □□□

キクのさし芽の注意点として、最も適切なものを選びなさい。
①購入した苗は自由に増やすことができる。
②さし穂の切り口はよく乾かす。
③葉数を調整し大きな葉は切りつめる。
④さし床には液肥を施用してから挿(さ)す。
⑤さし芽をした直後から直射日光に当てる。

23 □□□

草花の生産と消費の動向として、最も適切なものを選びなさい。
①わが国の草花生産額は、花壇苗、切り花、鉢ものの順に多い。
②切り花生産では、バラ、カーネーション、ユリが上位３種類である。
③鉢もの生産では、単一種類ではシクラメンが最も多い。
④切り花消費は、業務用とギフト用、けいこ用の比率が高く、家庭用は少ない。
⑤一世帯当たりの月別切り花の購入額は、クリスマスと正月、彼岸、盆など宗教的行事と結びついた消費は少ない。

24 □□□

長日植物として、最も適切なものを選びなさい。
①キク
②コスモス
③シャコバサボテン
④ペチュニア
⑤スイセン

25 □□□

下の図は切り花用テッポウユリ球根の温度管理の一例について示したものである。それぞれの管理の説明として、最も適切なものを選びなさい。

H◎ ―・―・―・―・―・―・― ◎ ――――――― ▼ ――――――――――
温湯処理 ◀― 冷蔵処理 ―▶ 球根植え付け 加温開始 ◀―― 加温 ――▶ 開花

①温湯処理は球根を休眠させるために行う。
②温湯処理は球根の休眠打破のために行う。
③球根の冷蔵処理は休眠打破のために行う。
④加温は休眠打破のために行う。
⑤冷蔵処理は10℃以下で２週間行う。

26 □□□

組織培養で、ウイルスフリー苗を作出する方法として、最も適切なものを選びなさい。

①葉片培養
②茎頂培養
③花弁培養
④胚培養
⑤やく培養

27 □□□

ランの種子を人工的に播種する方法として、最も適切なものを選びなさい。

①発芽に必要な養分を加えた赤土に播く。
②発芽に必要な養分を加えた水苔に播く。
③発芽に必要な養分を加えたバーミキュライトに播く。
④発芽に必要な養分を加えた無菌の培地に播く。
⑤発芽に必要な養分を加えた腐葉土に播く。

28 □□□

キクのやなぎ芽の発生に関係する要因として、最も適切なものを選びなさい。

①養分欠乏
②病気
③日照時間
④土壌酸度
⑤水分過多

29 □□□

球根の形態がりん茎に分類されるものとして、最も適切なものを選びなさい。

①ダリア
②チューリップ
③グラジオラス
④シクラメン
⑤フリージア

30 □□□

土の消毒方法のうち、毒性に注意を払う必要がある方法として、最も適切なものを選びなさい。

①焼土
②蒸気
③熱水
④太陽熱
⑤くん蒸

31 □□□

殺ダニ剤の施用法として、最も適切なものを選びなさい。

①植物の上から下に向けて噴霧する。
②葉裏に薬剤がかかるように噴霧する。
③殺菌剤と混用して散布できない。
④希釈した状態で長期保存ができる。
⑤展着剤を多めに入れるほど薬効が高まる。

32 □□□

短日植物として、最も適切なものを選びなさい。

①パンジー
②ポインセチア
③ストック
④インパチェンス
⑤マーガレット

33 □□□

カーネーションにおけるこの症状の説明として、最も適切なものを選びなさい。

①裂花
②落蕾
③がく割れ
④ベントネック
⑤花ぶるい

34 □□□

明発芽種子として、最も適切なものを選びなさい。

①トルコギキョウ
②シクラメン
③ニチニチソウ
④ヒナゲシ
⑤ジニア

35 □□□

肥料成分「6－8－12」の肥料を窒素成分18kg 施用する場合の施肥量として、最も適切なものを選びなさい。

①60kg
②108kg
③180kg
④300kg
⑤600kg

36 □□□

ストックの種まき後の一重と八重の鑑別において、「八重」の鑑別基準として、最も適切な組み合わせを選びなさい。

子葉の形	初期生育	葉の色
ア．丸い	イ．遅い	ウ．淡緑色
エ．くびれがある	オ．早い	カ．濃緑色

①ア、イ、カ
②ア、オ、ウ
③エ、オ、カ
④エ、オ、ウ
⑤ア、イ、ウ

37 □□□

シクラメンにおける葉組み作業の目的として、最も適切なものを選びなさい。
①葉枚数の増加
②葉枚数の減少
③花の発生数の抑制
④花柄長の伸長促進
⑤いちょう病の予防

38 □□□

酸性土壌（pH 5～6）に適応する草花として、最も適切なものを選びなさい。
①アザレア
②ジニア
③プリムラ類
④ガーベラ
⑤スイートピー

39 □□□

切り花の鮮度保持について、最も適切なものを選びなさい。
①切り花の品質保持においては、常温で管理することが大切である。
②切り口を空気にさらすことで、水の吸収が促進される。
③植物ホルモンであるエチレンにより、切り花の老化は抑制される。
④生けた水や導管に繁茂する細菌などは、水揚げを促進する。
⑤品質保持剤には、エチレン阻害剤、糖質、抗菌剤などが含まれる。

40 □□□

ゼラニウムの園芸的分類として、最も適切なものを選びなさい。
①一・二年草
②花木
③球根
④ラン類
⑤多年草

41 □□□

写真のオオバコ科の花きの名称として、最も適切なものを選びなさい。

①キンギョソウ
②ストック
③デルフィニウム
④アルストロメリア
⑤ルピナス

2019年度
第2回

42 □□□

バラの切り花栽培では、しばしば花蕾を着けない枝が発生する。これを何というか、最も適切なものを選びなさい。

①ルーピング
②ブラインド
③ロゼット
④ベントネック
⑤ブルーイング

43 □□□

次の種子の写真の中から、コスモスの種子を選びなさい。

①　②　③　④　⑤

44 □□□

キクの葉の病名として、最も適切なものを選びなさい。

①灰色かび病
②菌核病
③白さび病
④うどんこ病
⑤白絹苗

45 □□□

写真のアジサイで花びらのように見える部分の名称として、最も適切なものを選びなさい。

①苞葉
②花糸
③花柱
④花托
⑤がく片

46 □□□

エブアンドフロー方式によるかん水方式の説明について、最も適切なものを選びなさい。

①手動によるかん水方式である。
②水位をあるレベルまで上下させて吸水する方式である。
③常に水を一定レベルに維持して吸水する方式である。
④切り花栽培で用いられる方式である。
⑤病害虫の発生を抑えられる方式である。

47 □□□

写真のシクラメンの花（花弁）の症状の説明として、最も適切なものを選びなさい。

①ダニによる被害である
②スリップスによる被害である
③過湿によるシミである
④灰色かび病による斑点である
⑤開花後に花びらが劣化したものである

48 □□□

次の花きの園芸生産における繁殖法の組み合わせとして、最も適切なものを選びなさい。

①ユリ　・・・・・・・りん片繁殖
②シクラメン・・・・・株分け繁殖
③バラ・・・・・・・・種子繁殖
④シダ類・・・・・・・さし木繁殖
⑤サルビア・・・・・・取り木繁殖

49 □□□

下の図は世界のランの原産地を示したものである。写真のランは主にどの地域に分布しているか、最も適切なものを選びなさい。

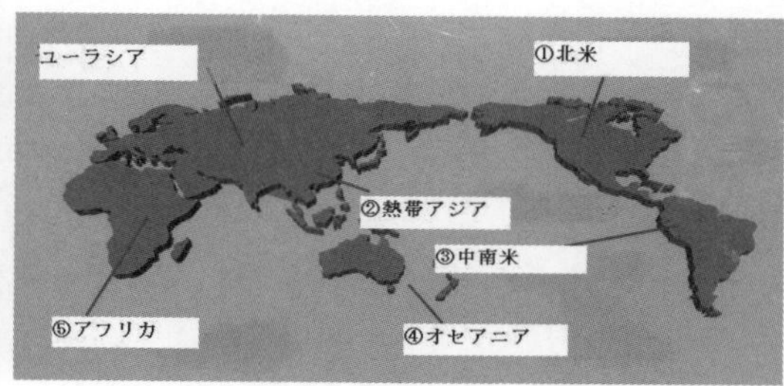

①北米
②熱帯アジア
③中南米
④オセアニア
⑤アフリカ

50 □□□

写真のオリエンタル系ユリの名称として、最も適切なものを選びなさい。

①テッポウユリ
②オニユリ
③スカシユリ
④カノコユリ
⑤カサブランカ

選択科目（果樹）

受粉樹を必要としない果樹として、最も適切なものを選びなさい。

①リンゴ
②ウンシュウミカン
③オウトウ
④キウイフルーツ
⑤日本ナシ

12 □□□

ブドウの短梢せん定の特徴について、最も適切なものを選びなさい。

①せん定において結果母枝を１～３芽に短く切るため、技術習得が容易であり、果実も主枝の左右に整然と並んでいるので、作業効率が良い。
②樹勢に応じたせん定が可能であり、花ぶるいが少ない。
③せん定や誘引に高度な技術が必要である。
④新梢の勢力がそろっていないので、房の大きさがそろえにくい。
⑤樹形の維持が難しく、形が乱れやすい。

13 □□□

自家不和合（自家不結実）性を強く持つ果樹の組み合わせを選びなさい。

①ウンシュウミカン、リンゴ
②キウイフルーツ、ウンシュウミカン
③ブドウ、ビワ
④キウイフルーツ、モモ
⑤リンゴ、オウトウ

14 □□□

果樹の花芽分化を阻害する要因として、最も適切なものを選びなさい。
①窒素肥料を少なめにする。
②弱せん定にする。
③雨が多い。
④日照が多い。
⑤気温の日較差が大きい。

15 □□□

結実が多い年と少ない年が交互に繰り返される隔年結果の説明として、最も適切なものを選びなさい。
①隔年結果の防止には、病害虫防除の徹底が有効である。
②隔年結果には、せん定や摘果は関係がない。
③成り年は、摘果を遅めに行い着果量を多くする。
④隔年結果の原因は、摘果の遅れや着果過多が関係する。
⑤果樹栽培において、隔年結果を防ぐことは困難である。

16 □□□

リンゴに発生する次の写真の病害名として、最も適切なものを選びなさい。
①かいよう病
②黒星病
③斑点落葉病
④腐らん病
⑤灰星病

17 □□□

写真は、収穫直前のオウトウである。樹冠下に敷いた反射シートの目的として、最も適切なものを選びなさい。

①病害虫を防除する。
②地温を上昇させる。
③土壌を乾燥させる。
④鳥害を防ぐ。
⑤着色を向上させる。

18 □□□

次の写真はナシの１年枝のせん定である。せん定法として、最も適切なものを選びなさい。

①芽と平行に切る。
②芽の付け根から深く切る。
③芽と逆方向に切る。
④芽の上に枝を残して切る。
⑤どの方法でも特に変わらない。

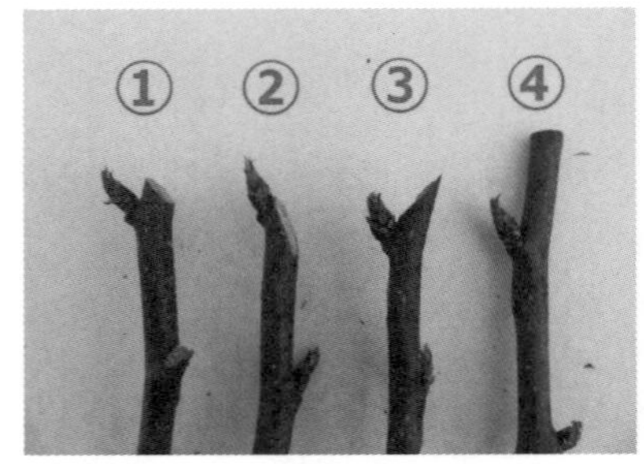

19 □□□

糖度の高い果実を生産するための方法として、最も適切なものを選びなさい。

①窒素肥料を多く施した露地で栽培する。
②多くのかん水をし、常に湿った土で栽培する。
③ハウス内で根域制限栽培する。
④貯蔵性を高めるために早期収穫する。
⑤石灰質肥料を多く施した土で栽培する。

20 □□□

落葉果樹において種子を播いて苗をつくらない理由として、最も適切なものを選びなさい。

①種子を播いて苗を作ると親より劣ったものができやすいため。
②種子を播いても全く発芽しないから。
③種子を播いて作った苗は根の伸びが悪いため。
④種子を播いて作った苗は結実しないため。
⑤種子を播いて作った苗は病気に弱いため。

21 □□□

苗木の植付け時の注意点として、最も適切なものを選びなさい。

①完熟たい肥等は、できるだけ入れないようにする。
②根はできるだけ多い方が良いため、腐った部分の根も切らずに植える。
③接ぎ木部分が土に埋まるような深植えにしない。
④深く植えた方が樹が安定するため、接ぎ木部分まで土の中に入れて植える。
⑤植え付ける土には未熟の有機物やせん定直後の枝等を多く入れる。

22 □□□

落葉果樹の一般的な元肥、追肥、礼肥（秋肥）の組み合わせについて、最も適切なものを選びなさい。

	元　肥	追　肥	礼　肥
①	大量	樹の状況を見て	緩効性肥料を少量
②	大量	樹の状況を見て	速効性肥料を少量
③	大量	リン酸を中心に	緩効性肥料を少量
④	中程度	たい肥を中心に	速効性肥料を大量
⑤	少量	樹の状況を見て	速効性肥料を大量

23 □□□

ブドウにおける無核化のためのジベレリン処理について、開花前にもジベレリン処理を行う品種として、最も適切なものを選びなさい。

①巨峰
②ピオーネ
③シャルドネ（ワイン用品種）
④デラウェア
⑤シャインマスカット

24 □□□

ブドウにおける「環状はく皮」について、最も適切なものを選びなさい。
①カイガラムシなどの越冬害虫を取り除くために行うもの。
②光合成物質が根の方面に行くのを一時的に遮断（しゃだん）し、枝内の炭素物質量を高めて果実の着色向上のために行うもの。
③根からの水分を一時的に遮断（しゃだん）し、果実の酸を減少させるために行うもの。
④春先の発芽を促進させるために、芽の少し上に傷を入れるもの。
⑤誘引を容易に行うために枝をねじるもの。

25 □□□

徒長枝を残すとどのような影響があるか、最も適切なものを選びなさい。
①徒長枝を発生させた元枝の先端の生育が良くなり、樹勢が強くなる。
②徒長枝の方が生育が強大になり、元枝が弱まり、樹形が乱れ、樹冠内への日当たりも悪くなる。
③徒長枝が強大になると共に、樹勢も強まり、果実の着色や糖度も向上する。
④徒長枝は上に向かって伸びるため、樹全体の受光がよくなる。
⑤徒長枝を残しても樹形の乱れもなく、特に問題はない。

26 □□□

「暗きょ排水」について、最も適切なものを選びなさい。
①園内に溝を掘り、雨水を流すもの。
②園の周囲に溝を掘り、U字溝を設置したもの。
③園内に牧草等を栽培し、その根によって排水を向上したもの。
④園内に深い溝を掘り、穴あきパイプ等を入れ、埋め戻したもの。
⑤園内に除草（殺草）剤を散布し、地表面の雨水をすばやく流すもの。

27 □□□

ラビットアイ種とハイブッシュ種の２種類が栽培されている果樹として、最も適切なものを選びなさい。
①キウイフルーツ
②クリ
③ブルーベリー
④スモモ
⑤ウメ

28 □□□

リンゴ「ふじ」品種の果実を切ると矢印のような症状が放射状に観察された。この説明として、最も適切なものを選びなさい。

①マンガンを過剰に吸収することにより起こりやすい。
②果点を中心に斑点が現れる。
③石灰の施用により抑制できる。
④小さい果実や成熟が進んでいない果実で発生しやすい。
⑤ソルビトールが細胞間隙（かんげき）にしみ出て、水と結合して果肉が半透明にみえる。

29 □□□

ある果樹の開花時と幼果の写真である。この果樹の説明として、最も適切なものを選びなさい。

①核果類（かくか）に属し、果実は生食用が主体であり、ジュース、ジャム、乾果などに利用される。
②堅果類（けんか）に属し、食用とする部分は種子の中の子葉である。
③核果類（かくか）に属し、生食せずに加工して利用する。
④核果類（かくか）に属し、甘果と酸果などがあるが、日本で栽培されているのは甘果である。
⑤仁果類（じんか）に属し、花床が発達した部分を食用とする。

30 □□□

モモに発生したウメシロカイガラムシの写真である。この説明として、最も適切なものを選びなさい。

①葉の裏側に寄生し、寄生葉は外側に巻く。
②幼虫による幼果や新梢への食入により落果や枝折れの原因となる。
③雑木林などの園外から飛来して果実を吸汁加害する。
④白い粉に覆われたように発生し、吸汁する。
⑤幼虫が枝幹を食害して樹液が出て、樹が衰弱・枯死する。

31 □□□

写真はある果樹の開花と幼果の写真である。この説明として、最も適切なものを選びなさい。

①一つの花の中に雌しべと雄しべを持つ両性花の果樹である。
②果実には、渋味の原因となる可溶性タンニンが含まれ、人工的に不溶化してから食用にする渋抜きが必要な品種もある。
③アンズやスモモと交雑しやすく、加工用途として利用される。
④甘果と酸果に分類されるが、国内では甘果が主で生食以外加工にも利用される。
⑤雌雄異株（しゆういしゅ）のため、雄性品種の混植が必要である。

32 □□□

ブドウの「摘粒」について、最も適切なものを選びなさい。
①小果粒や果房の内側にある果粒を取り除くこと。
②果房の段数を減らし、房の長さを短くすること。
③開花前に新梢の先端を摘みとること。
④岐肩（副穂）を取り除くこと。
⑤着果数が多い時、房ごと取り去ること。

33 □□□

次の写真は梨の受粉を行う訪花昆虫の巣である。最も適切なものを選びなさい。

①アシナガバチ
②スズメバチ
③セイヨウミツバチ
④セイヨウマルハナバチ
⑤ヒラタアブ

34 □□□

カンキツのタンゴールである清見を収穫したところ、写真のような障害が果実に発生していた。この障害が発生する原因として、最も適切なものを選びなさい。

①寒さにより果実が樹上で凍った。
②害虫により果汁が吸い取られた。
③収穫が遅れて果実が過熟になった。
④土壌乾燥が続き水分が失われた。
⑤開花時の受粉が不十分であった。

35 □□□

キウイフルーツの出荷前に、追熟を促進するために行う処理として、最も適切なものを選びなさい。

①ジベレリン処理
②エチレン処理
③低温処理
④ミスト（高湿）処理
⑤風乾処理

36 □□□

整枝・せん定の説明として、最も適切なものを選びなさい。

①主幹形仕立てでは、すべての主枝を主幹の一か所から発生させる。
②棚に枝を誘引する棚仕立てでは、風による被害が多くなる。
③枝の太さは、主幹＞主枝＞亜主枝＞側枝の順にして枝の強弱をはっきりさせる。
④新しく成長した枝を途中で切ることを間引きせん定と呼ぶ。
⑤樹勢が強く栄養成長がさかんな樹は、強せん定をして花芽が多くつくようにする。

37 □□□

ウンシュウミカンの成木樹の写真である。樹の骨格となる幹と太い枝の位置を青い線で示したが、このような仕立て方（樹形）の名称として、最も適切なものを選びなさい。

①ジョイント仕立て
②開心自然形
③主幹形
④変則主幹形
⑤一文字整枝

38 □□□

ウンシュウミカンの摘果について、最も適切なものを選びなさい。

①早期摘果はおもに糖度を高くすることを目的に行う。
②後期摘果はおもに果実の肥大促進を目的に行う。
③摘果する時期が遅くなるほど隔年結果の防止効果が高い。
④１樹の中に結実させる枝と摘果する枝を交互に配置するやり方を枝別摘果と呼ぶ。
⑤間引きせん定を兼ねて、果実がなった枝を切り取る摘果法を間引き摘果と呼ぶ。

39 □□□

果樹の種類と病気の組み合わせのうち、最も適切なものを選びなさい。

	果樹の種類	病気の種類	
①	カンキツ	黒点病	そうか病
②	リンゴ	黒とう病	べと病
③	ブドウ	黒星病	斑点落葉病
④	モモ	円星落葉病	角斑落葉病
⑤	カキ	縮葉病	せん孔細菌病

40 □□□

写真の果樹の繁殖方法として、最も適切なものを選びなさい。

①さし木
②接ぎ木
③種子繁殖
④取り木
⑤組織培養

41 □□□

ウンシュウミカンの結実について、最も適切なものを選びなさい。

①結実には自家受粉が欠かせない。
②結実には他家受粉が欠かせない。
③雌雄異株であるので、結実には雄木を混植する必要がある。
④単為結果性があるため、受粉・受精がなくても結実する。
⑤結実には植物成長調整剤の散布が欠かせない。

42 □□□

写真のナシの花の説明として、最も適切なものを選びなさい。

①これは子持ち花であり、Aが子花、Bが親花である。親花は良い果実にならないため、取り除く。
②これは子持ち花であり、Aが子花、Bが親花である。両花とも良い果実になるので、取り除かずに、全て結実させる。
③これは子持ち花であり、Aが親花、Bが子花である。子花は良い果実にならないため、取り除く。
④これは兄弟花である。両花とも良い果実になるので、取り除かずに、全て結実させる。
⑤これは双子花である。両花とも良い果実にならないので、結実させてはならない。

43 □□□

写真の降雪地帯におけるモモ樹の被害についての説明として、最も適切なものを選びなさい。

①キクイムシによる食害
②コスカシバによる食害
③野ネズミによる食害
④モグラによる食害
⑤ボクトウガによる食害

44 □□□

ウンシュウミカンの極早生品種、中生品種、普通品種の名称の組み合わせとして、最も適切なものを選びなさい。

	極早生品種	中生品種	普通品種
①	日南１号	南柑20号	青島温州
②	青島温州	日南１号	清見
③	大津４号	青島温州	日南１号
④	南柑20号	日南１号	大津４号
⑤	不知火	清見	青島温州

45 □□□

リンゴ、ニホンナシ果実に対して、収穫果実の貯蔵性向上を目的に新たに植物成長調整剤の利用が始まっている。具体的な植物成長調整剤として、最も適切なものを選びなさい。

①インドール酪酸（IBA）
②エテホン
③１－メチルシクロプロペン（１－MCP）
④ストレプトマイシン
⑤ジベレリン

46 □□□

写真はリンゴの結果枝である。この枝の場合、矢印部分が花芽であり、それ以外は葉芽が着生している。この花芽の名称として、最も適切なものを選びなさい。

①えき性花芽
②頂えき性花芽
③頂性花芽
④純正花芽
⑤中間芽

47 □□□

リンゴにおける摘葉（葉摘み）の説明として、最も適切なものを選びなさい。
①できるだけ早く摘葉を行うことで、糖度が高い果実が生産できる。
②できるだけ遅く摘葉を行うことで、酸の少ない果実が生産できる。
③摘葉は、葉数が減るので行わない方がよい。
④摘葉により病害虫の発生を軽減することができる。
⑤摘葉は、果実を覆っている葉を取り除くことにより着色の良い果実が生産できる。

48 □□□

果実への袋かけについての説明として、最も適切なものを選びなさい。
①果実に袋かけをすれば、病害虫の被害を完全に防ぐことができる。
②袋かけは病害虫防除だけでなく、果実の外観を美しくする効果もある。
③袋かけによる糖度低下、着色悪化はない。
④無袋栽培の果実は、美しい肌、美しい着色となるため、高価で取引されている。
⑤二十世紀ナシは美しい果実生産のために無袋栽培、幸水などの赤ナシは糖度の向上のために袋かけを行う栽培が多い。

49 □□□

写真のナシ園における土壌管理法の説明として、最も適切なものを選びなさい。

①トレンチャーで溝を掘り、明きょ排水を行っている管理法である。
②中耕を常に行い、土壌表面を常に裸地状態に保つ管理法である。
③果樹の根系が分布している範囲の土壌表面にポリエチレンフィルムを敷く管理法である。
④果樹園に草を生やして土壌表面を覆う管理方法であり、草刈りが必要になる。
⑤除草剤を散布し、土壌表面に全く雑草が生えない裸地状態に保つ管理法である。

50 □□□

落葉果樹の人工受粉に関する説明として、最も適切なものを選びなさい。

①人工受粉は、花が夜露にぬれている早朝に行うのが効果的である。
②花粉を貯蔵する場合は、低温で乾燥した状態で保存する。
③花粉はどのような条件に置いても、発芽能力は低下しない。
④花粉の採集は、雄しべの葯(やく)を集めて開葯せずに直ちに受粉を行う。
⑤人工受粉する場合は、石松子などの増量剤を使用してはならない。

選択科目（畜産）

11 □□□

ブタの習性として、最も適切なものを選びなさい。
①排泄の場所が一定ではない。
②水を嫌う。
③鼻をつかって穴を掘る。
④群集性がない。
⑤植物性の飼料しか食べない。

12 □□□

ブタの受精卵の着床・胎子の発育がおこなわれる部位として、最も適切なものを選びなさい。
①ア
②イ
③ウ
④エ
⑤オ

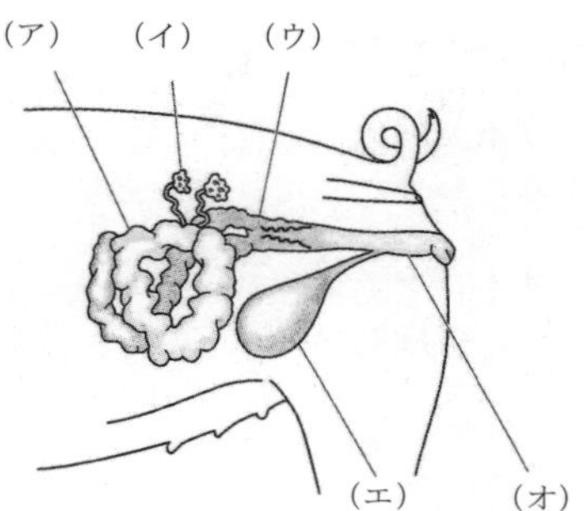

13 □□□

日本の養豚に関する説明として、最も適切なものを選びなさい。
①日本における繁殖用雌豚は、３品種を掛け合わせた交雑種が多い。
②日本における繁殖用雌豚は、ハイブリッド豚や黒豚が多い。
③日本の肉豚は、３品種を掛け合わせた交雑種が多い。
④日本の肉豚の雌は、一度分娩してから出荷するのが一般的である。
⑤日本の肉豚は、２品種を掛け合わせた一代雑種豚がよく利用される。

2019年度 第2回

14 □□□

ブタの人工授精に関する説明として、最も適切なものを選びなさい。

①雌への1回の精液注入量は300mLであり、こう様物も注入する。
②人工授精には子宮頸管かん子法が適している。
③交尾排卵動物であるため、外陰部が赤く腫脹しはじめる前でも人工授精が可能である。
④人間が腰部を圧して不動姿勢を示した頃が人工授精の適期である。
⑤ブタの人工授精には、こう様物とともに凍結した精液が利用されている。

15 □□□

近年発生した豚コレラについて、最も適切なものを選びなさい。

①治療法は無く、発生した場合の家畜業界への影響が甚大であるが、家畜伝染病予防法による法定伝染病ではない。
②世界各国に分布しているが、北米、オーストラリア、スウェーデン等では清浄化を達成していない。
③アフリカ豚コレラと同じウイルスが原因である。
④日本での発生は明治期からあるが、昭和期を最後に発生はない。
⑤豚コレラウイルスにより起こるブタ、イノシシの熱性伝染病で、強い伝染力と高い致死率が特徴である。

16 □□□

ブタの産肉能力について、文章中（　A　）～（　C　）のカッコ内の語句の組み合わせとして、最も適切なものを選びなさい。

「1日平均増体量は（　A　）が最も大きく、ロース芯は（　B　）が最も太く、背脂肪層は（　C　）が最も厚い。」

	A	B	C
①	大ヨークシャー種	デュロック種	バークシャー種
②	デュロック種	バークシャー種	バークシャー種
③	ランドレース種	大ヨークシャー種	バークシャー種
④	ランドレース種	大ヨークシャー種	デュロック種
⑤	バークシャー種	ランドレース種	デュロック種

17 □□□

SPF 豚で規定されている病気として、最も適切なものを選びなさい。

①豚コレラ、オーエスキー病、豚赤痢、マイコプラズマ肺炎、トキソプラズマ感染症
②オーエスキー病、豚赤痢、萎縮性鼻炎、マイコプラズマ肺炎、トキソプラズマ感染症
③豚コレラ、豚赤痢、萎縮性鼻炎、マイコプラズマ肺炎、トキソプラズマ感染症
④オーエスキー病、豚赤痢、萎縮性鼻炎、日本脳炎、伝染性胃腸炎
⑤豚コレラ、オーエスキー病、豚赤痢、日本脳炎、伝染性胃腸炎

18 □□□

わが国の豚肉生産において、純粋種を他品種と交雑せずにそのまま肉豚として利用している品種は次のうちどれか。最も適切なものを選びなさい。

①デュロック種
②ランドレース種
③ハンプシャー種
④大ヨークシャー種
⑤バークシャー種

19 □□□

豚の繁殖について、最も適切なものを選びなさい。

①発情周期は28日である。
②妊娠期間は150日である。
③発情期間は１日である。
④初回交配はおおむね８か月齢に行われる。
⑤哺乳期間はおおむね15日である。

20 □□□

豚肉における異常肉の発生原因と関係性の低いものとして、最も適切なものを選びなさい。

①極端な遺伝的改良
②輸送時のブタに対するストレス
③と畜方法
④筋肉中に蓄えられたグリコーゲン含量
⑤脂肪交雑の入り具合

21 □□□

次の図はニワトリの生殖器である。（ア）～（オ）のうち卵殻が形成される部位として、最も適切なものを選びなさい。

①ア
②イ
③ウ
④エ
⑤オ

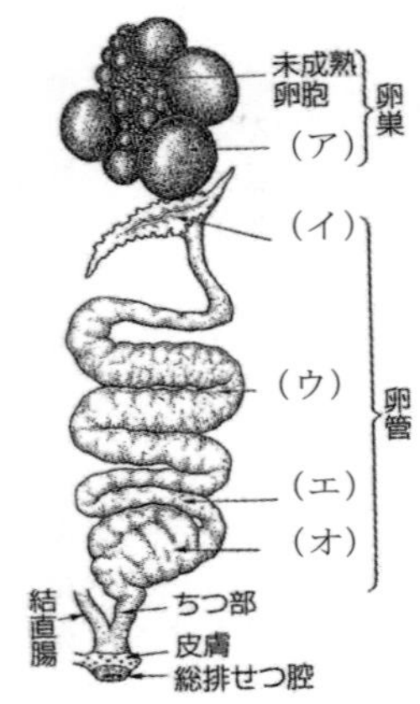

22 □□□

ニワトリの人工ふ化の説明として、最も適切なものを選びなさい。

①ふ卵器には空気が入らないように換気口を閉める。
②ふ卵器内は温度40℃、湿度90％とし、高温多湿を保つ。
③ふ卵器では転卵を２日に１回行う必要がある。
④暗所で卵の鈍端に電光検卵器で光を当てると、無精卵は明るく透明に見える。
⑤検卵はふ卵器に種卵を入れる前に行うと、ふ化率向上に有効である。

23 □□□

写真のJAS地鶏の親種鶏で天然記念物ともなっている品種名として、最も適切なものを選びなさい。

①横はんプリマスロック種
②ロードアイランドレッド種
③名古屋種
④黒色ミノルカ種
⑤シャモ種

24 □□□

高病原性鳥インフルエンザに関する説明として、最も適切なものを選びなさい。

①病原体は細菌である。
②海外から日本に偏西風により伝播されることが多い。
③鶏舎内への病原体の侵入を防ぐためには、野鳥・野生動物が侵入できる隙間をふさぐことが有効である。
④ワクチン接種を行い発生を予防する。
⑤届出伝染病である。

25 □□□

10万羽を飼育する採卵養鶏場において、ある1週間で消費した飼料は77t、生産した鶏卵は60万個・37tであった。このときの飼料要求率として、最も適切なものを選びなさい。

①85.7%
②61.7g／個
③52.9g／日・羽
④2.08
⑤0.11kg／日・羽

26 □□□

ホルスタイン種雌牛の一般的な出生時の体重として、最も適切なものを選びなさい。

① 20～ 30kg
② 40～ 50kg
③ 70～ 80kg
④ 90～100kg
⑤110～120kg

27 □□□

写真の装置の利用目的として、最も適切なものを選びなさい。

①生乳中の栄養成分を測定する。
②生乳の体細胞数を測定する。
③生乳をかく拌しながら冷却する。
④生乳の脂肪球を細かくする。
⑤生乳を殺菌する。

28 □□□

ウシの病気に関する次の説明に対する語句として、最も適切なものを選びなさい。

「乳牛は反すう時に大量の唾液を分泌し、その中に含まれる重炭酸ナトリウムのはたらきによって、第1胃内のpHが一定に保たれる。しかし、分娩直後の乳牛に濃厚飼料を急に多給すると第1胃内でプロピオン酸が急激に産生され病気となってしまう。」

①ルーメンアシドーシス
②ケトーシス
③乳熱
④鼓脹症
⑤第4胃変位

29 □□□

ウシの病気に関する次の説明に対する語句として、最も適切なものを選びなさい。

「発酵しやすい生草の過食や飼料の急変などで第1胃内にガスが充満する。腹部がふくれ呼吸困難等の症状が出る。」

①第4胃変位
②食道こうそく
③鼓脹症
④ケトーシス
⑤第1胃食滞

30 □□□

乳期と乳量・乳成分の変化について図中（A）～（D）に入る語句の組み合わせとして、最も適切なものを選びなさい。

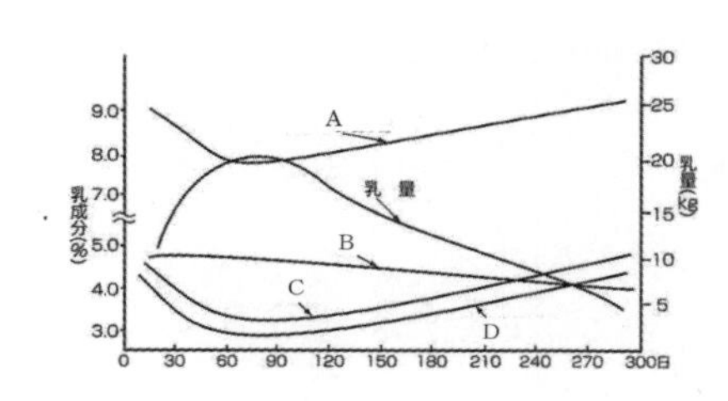

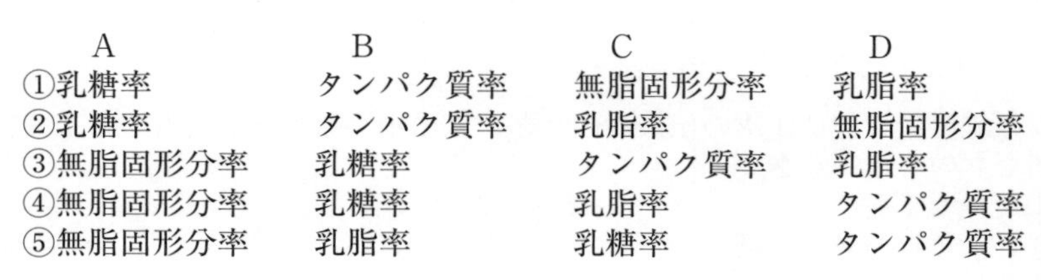

	A	B	C	D
①	乳糖率	タンパク質率	無脂固形分率	乳脂率
②	乳糖率	タンパク質率	乳脂率	無脂固形分率
③	無脂固形分率	乳糖率	タンパク質率	乳脂率
④	無脂固形分率	乳糖率	乳脂率	タンパク質率
⑤	無脂固形分率	乳脂率	乳糖率	タンパク質率

31 □□□

次の反すう胃の説明で、（A）～（D）に入る語句の組み合わせとして、最も適切なものを選びなさい。

「反すう家畜の第1胃と（A）を反すう胃といい、（B）で常時（C）℃に保たれている。第1胃には消化酵素等を分泌する組織はなく、（D）が分泌する酵素によって消化する。」

	A	B	C	D
①	第2胃	好気状態	35	微生物
②	第3胃	好気状態	35	第2胃
③	第2胃	好気状態	39	微生物
④	第3胃	嫌気状態	35	第2胃
⑤	第2胃	嫌気状態	39	微生物

32 □□□

新生子牛に感染性の下痢症を引き起こす原虫として、最も適切なものを選びなさい。

①ロタウイルス
②コロナウイルス
③クリプトスポリジウム
④サルモネラ
⑤毒素原性大腸菌

33 □□□

ウシに流死産を起こす次の伝染病のうち、寄生虫を原因とするものとして、最も適切なものを選びなさい。

①ブルセラ病
②カンピロバクター病
③トリコモナス病
④アカバネ病
⑤牛ウイルス性下痢

34 □□□

ウシが異性多胎で生まれた場合、約90％以上の雌で不妊となる。この病名として、最も適切なものを選びなさい。

①牛海綿状脳症
②口蹄疫
③ケトーシス
④ルーメンアシドーシス
⑤フリーマーチン

35 □□□

写真は過剰排卵処理したウシの卵巣の様子である。写真のような状態を引き起こす要因となるホルモンとして、最も適切なものを選びなさい。

① GnRH
②プロジェステロン
③ FSH
④ PGF 2 α
⑤ hCG

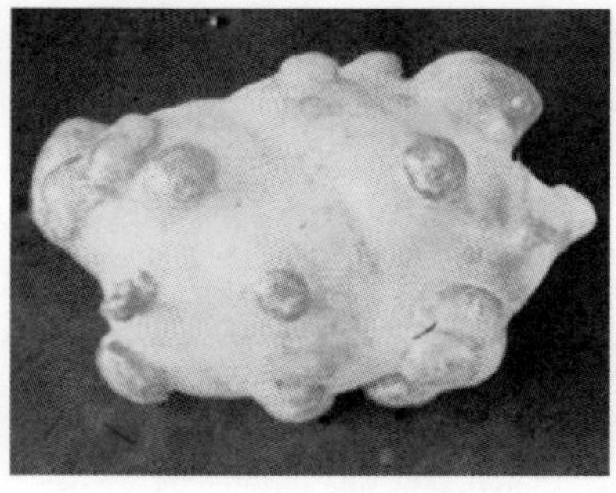

36 □□□

次の文章はウシの排卵前後のホルモン動態について述べたものである。(A)～(C) に入る語句の組み合わせとして、最も適切なものを選びなさい。

「排卵前後のホルモンについて、排卵前に黄体から分泌される（A）濃度が低下し、それにかわって（B）濃度が上昇し発情兆候が現れる。そして（C）の一過性の放出後に排卵が起こる。」

	A	B	C
①	プロジェステロン	LH	エストロジェン
②	エストロジェン	テストステロン	プロスタグランディン
③	エストロジェン	プロジェステロン	テストステロン
④	プロジェステロン	エストロジェン	LH
⑤	プロスタグランディン	テストステロン	LH

2019年度
第2回

37 □□□

雄ウシの射出精液量として、最も適切なものを選びなさい。

①200～300mL
②20～150mL
③2～10mL
④0.5～2 mL
⑤0.2～2 mL

38 □□□

肉牛を750kgで出荷し、枝肉重量が473kgであった場合、枝肉歩留率として、最も適切なものを選びなさい。

①45%
②58%
③63%
④75%
⑤81%

39 □□□

バルーンカテーテルを使用する技術として、最も適切なものを選びなさい。

①妊娠鑑定
②人工授精
③分娩介助
④発情同期化
⑤胚移植技術

40 □□□

ウシの繁殖についての説明として、最も適切なものを選びなさい。

①発情周期は平均25日である。
②妊娠診断の方法として、ノンリターン法や超音波を用いる方法、血中や乳中のプロジェステロン濃度を測定する方法などがある。
③ウシは発情最盛期に出血する。
④ホルスタイン種雌牛の妊娠期間は295日である。
⑤人工授精は、直腸から手を入れて子宮頸管をつかみ、子宮頸管深部に注入する頸管かん子法により行う。

41 □□□

次の写真の用具・器具の名称として、最も適切なものを選びなさい。

①スライドグラス
②導入管
③精子活力検査板
④シャーレ
⑤血球計算盤

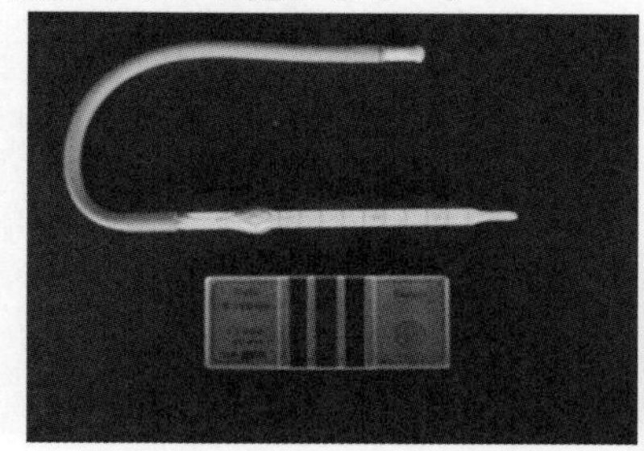

42 □□□

次の写真の作業機械の名称として、最も適切なものを選びなさい。

①モーア
②ヘイベーラー
③ヘイコンディショナー
④ロールベーラー
⑤ヘイレーキ

43 □□□

冬季に栽培される飼料作物として、最も適切なものを選びなさい。

①ソルガム
②トウモロコシ
③ミレット類
④ローズグラス
⑤イタリアンライグラス

44 □□□

草地造成に関わる作業と使用機器の組み合わせとして、最も適切なものを選びなさい。

	堆肥散布	肥料散布	鎮圧
①	マニュアスプレッダ	ブロードキャスタ	ケンブリッジローラ
②	マニュアスプレッダ	ドリルシーダ	ディスクハロー
③	ライムソーワ	ブロードキャスタ	ロータリ
④	ライムソーワ	ドリルシーダ	ケンブリッジローラ
⑤	ライムソーワ	ロータリ	ディスクハロー

45 □□□

家畜の飼料に関する説明として、最も適切なものを選びなさい。

①家畜飼料の生産工程で安全性を保証するために、HACCPとは異なるシステムがある。
②ホルモン剤や防カビ剤は、飼料添加物として必要なため、濃度等の制限はない。
③寒冷環境ではエネルギーが必要となるが、家畜飼料の摂取量は減少する。
④家畜別の飼養標準は、日本では約10年ごとに改訂されている。
⑤食品残さなどを利用した飼料を食品循環資源飼料といい、エコフィードとして活用されている。

46 □□□

写真の飼料は、牛に給与する飼料として、配合飼料に含まれ給与されたり、分離給与方式では単独で給与されたりしている。飼料の名称と飼料の分類として、最も適切な組み合わせを選びなさい。

①圧ペントウモロコシ・混合飼料
②脱脂大豆・濃厚飼料
③綿実・単味飼料
④ビートパルプ・濃厚飼料
⑤大麦・単味飼料

47 □□□

写真の農業機械の使用用途として、最も適切なものを選びなさい。

①砕土
②鎮圧
③耕起
④播種
⑤堆肥散布

48 □□□

代謝エネルギーの略省記号として、最も適切なものを選びなさい。

① ME
② DE
③ GE
④ NE
⑤ TDN

49 □□□

日本における畜産物の自給率の推移について、最も適切なものを選びなさい。

①1960年と2010年を比較すると、豚肉の自給率は増加した。
② BSEや口蹄疫などの疾病により、牛肉は減少を続けている。
③日本人１人当たりの食肉消費は、70年代より徐々に増加傾向にある。
④鶏肉は高病原性鳥インフルエンザの影響を受けずに供給量も自給率も増加している。
⑤円高や輸入自由化の進展によって輸入が増加し、自給率は低下を続けている。

50 □□□

家畜排せつ物の説明として、最も適切なものを選びなさい。

①肥料効果において、豚ぷん堆肥は鶏ふんより弱いが、牛ふんより高い。
②牛ふんは、堆肥だけでなくボイラーの燃料として使われる場合がある。
③家畜ふん堆肥の中でも、ウシはリン酸の割合が高い。
④ニワトリは尿量が多いため、まずはふん尿分離が行われる。
⑤鶏ふんは、窒素やリン酸、カリなどの肥料成分を多く含んでいるが、尿酸は含んでいない。

選択科目（食品）

11 □□□

食品の輸入届出を受けて、審査、検査および監視指導を行う機関として、最も適切なものを選びなさい。

①衛生研究所
②税関
③保健所
④検疫所
⑤市場衛生検査所

12 □□□

果肉や種子に、アミグダリンというシアン化合物が含まれている果実として、最も適切なものを選びなさい。

①ナシ
②バナナ
③カキ
④ブドウ
⑤ウメ

13 □□□

細菌性食中毒の説明として、最も適切なものを選びなさい。

①サルモネラ食中毒の主な原因となる食品は、熱帯果実類である。
②腸炎ビブリオ食中毒の主な原因となる食品は、魚介類である。
③黄色ブドウ球菌は、別名O－157とよばれる。
④カンピロバクターは、主に海藻に付着している細菌である。
⑤ボツリヌス菌食中毒の主な原因となる食品は、鶏卵や乳製品である。

14 □□□

旨味に関係するアミノ酸として、最も適切なものを選びなさい。
①グルタミン酸
②アルギニン
③フェニルアラニン
④トリプトファン
⑤イソロイシン

15 □□□

試料を乾式灰化した後、バナドモリブデン酸吸光光度法、モリブデンブルー吸光光度法、誘導結合プラズマ発光分析法などで測定される栄養成分として、最も適切なものを選びなさい。
①ナトリウム
②鉄
③リン
④亜鉛
⑤マグネシウム

16 □□□

pH に関する説明として、最も適切なものを選びなさい。
① pH 値が高くなるにつれ、酸性が強くなる。
② pH 9の水溶液はリトマス試験紙を赤くする。
③ pH 6の水溶液はリトマス試験紙を青くする。
④ pH 値が低い食品は、一般的にすっぱさを感じる。
⑤ pH 5を中性という。

17 □□□

下記の実験器具を用いて行う実験法として、最も適切なものを選びなさい。

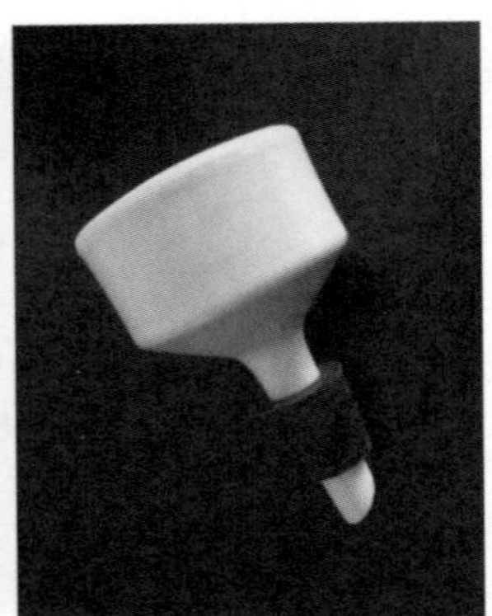

①滴定
②蒸留
③自然ろ過
④吸引ろ過
⑤秤量

18 □□□

CA 貯蔵に関する説明として、最も適切なものを選びなさい。
①植物の蒸散を利用し、袋内の湿度を上げることによって鮮度を保つ方法。
②食品を凍結点以下に置き、水分を凍結させて保存する方法。
③食品を加熱し、食品中に存在する微生物をすべて殺菌する方法。
④食塩などにより浸透圧を高め、微生物の増殖を抑えて貯蔵する方法。
⑤空気の組成を変えて青果物を貯蔵する方法。

19 □□□

キュウリの果皮表面のピッティングとその部位の変質、バナナの果皮の黒変、サツマイモの内部変色が起こる現象として、最も適切なものを選びなさい。
①高温障害
②ガス障害
③過湿障害
④低温障害
⑤光障害

20 □□□

食品の包装形態のうち、クラフト紙とポリエチレンを使用している包装材料の説明として、最も適切なものを選びなさい。

①高温殺菌できないものが多いので、無菌室で、自動充てん包装機を用いて充てんする。
②出来上がった製品は、真空計を上部に刺し、真空度を測定する。
③本体と容器をチャックとリフターで固定し、ロールで巻き締める。
④真空巻締機やホームシーマーを利用して密封する。
⑤強度が弱く、高温により変形する。使用量が多くなると再利用しにくい。

21 □□□

食物を摂取した際、食物に含まれる原因物質を異物として認識し、身体が過敏な反応を起こすものとして、表示が義務付けられている組み合わせとして、最も適切なものを選びなさい。

①エビ、カニ、コムギ、ソバ、卵、乳、ラッカセイ
②アワビ、イカ、イクラ、オレンジ、カシューナッツ
③キウイフルーツ、牛肉、クルミ、ゴマ、サケ
④サバ、ダイズ、鶏肉、バナナ、マツタケ
⑤モモ、ヤマイモ、リンゴ、ゼラチン、豚肉

22 □□□

食品中に残留する農薬、飼料添加物および動物用医薬品についての規制に関わる制度として、最も適切なものを選びなさい。

①国際標準化機構
②ポジティブリスト制度
③産業廃棄物管理票制度
④ HACCP システム
⑤トレーサビリティ

23 □□□

加工処理の熱源として利用されるボイラの構造・設置・管理について、厳密な規定が定められている法律として、最も適切なものを選びなさい。

①労働安全衛生法
②食品衛生法
③製造物責任法
④ JAS 法
⑤計量法

24 □□□

食品工場における品質管理の一環として、最も適切なものを選びなさい。
①ネームプレートをクリップで止める。
②透明で目立たない手袋を使用する。
③作業管理のため、腕時計をする。
④メモ用のシャープペンシルを持つ。
⑤マスクをつける。

25 □□□

牛乳の製造工程について、最も適切なものを選びなさい。
①ろ過・浄化 → 均質化 → 殺　菌 → 冷　却 → 充てん
②ろ過・浄化 → 殺　菌 → 均質化 → 冷　却 → 充てん
③ろ過・浄化 → 冷　却 → 均質化 → 殺　菌 → 充てん
④ろ過・浄化 → 均質化 → 充てん → 殺　菌 → 冷　却
⑤ろ過・浄化 → 殺　菌 → 冷　却 → 均質化 → 充てん

26 □□□

牛乳にキモシンを作用させて製造するものとして、最も適切なものを選びなさい。
①バター
②アイスクリーム
③スキムミルク
④サワークリーム
⑤チーズ

27 □□□

生乳から乳脂肪分の一部を除去するか、水分の一部を除去し、成分を濃くするなどした牛乳として、最も適切なものを選びなさい。
①加工乳
②特別牛乳
③成分調整牛乳
④乳飲料
⑤ロングライフ牛乳

28 □□□

鶏卵を割卵して卵殻を取り除き、中身だけを集めた液状卵の用途として、最も適切なものを選びなさい。

①くん製卵
②温泉卵
③土壌改良材
④ピータン
⑤マヨネーズ

29 □□□

ソーセージの製造において、サイレントカッターに肉を移し、調味料·香辛料、最後に脂肪を加える工程として、最も適切なものを選びなさい。

①塩漬
②肉ひき
③練り合わせ
④充てん
⑤燻煙

30 □□□

ロースハム製造において、中心部の温度を63℃で30分間以上加熱するか、又はこれと同等以上の殺菌効果を有する方法で加熱殺菌しなければならない理由として、最も適切なものを選びなさい。

①病原菌を死滅させ、タンパク質を凝固させる。
②肉の保水性と結着性を向上させる。
③製品に光沢を与え、外観を美しくする。
④肉のうま味を引き出し、肉製品独特の風味を高める。
⑤外部からの雑菌の侵入を防ぎ、独特の香りを付着させる。

31 □□□

バターの製造において、クリームを激しくかくはんして、クリーム中の脂肪をバター粒子にする製造工程として、最も適切なものを選びなさい。

①遠心分離
②乳化
③エージング
④チャーニング
⑤ワーキング

32 □□□

コンニャクの説明として、最も適切なものを選びなさい。

①コンニャクはビタミンを多く含み、健康によい食品である。
②コンニャクは、ナス科植物である。
③コンニャクは酒石酸を多く含むため、生食してはいけない。
④コンニャクの凝固剤は、グルコノデルタラクトンである。
⑤コンニャクの主成分であるグルコマンナンは、アルカリ性で凝固する。

33 □□□

果実や野菜缶詰の製造時、好気性微生物の増殖・缶内面の腐食・内容物の変色や変質の防止を行う工程として、最も適切なものを選びなさい。

①調製
②肉詰
③脱気
④密封
⑤冷却

34 □□□

果実の搾汁10mLを容器に入れ、95%エタノール10mLを加えて混合すると綿状の物質として観察されるものとして、最も適切なものを選びなさい。

①デンプン
②クエン酸
③ショ糖
④ペクチン
⑤タンニン

35 □□□

食品中における酵素と作用例の組み合わせとして、最も適切なものを選びなさい。

①アミラーゼ　— サツマイモを加熱して、焼きいもにすると、甘みが増す
②オキシダーゼ — 酸敗の原因となる脂肪酸を遊離させる
③プロテアーゼ — カキなどの果実をやわらかくする
④ペクチナーゼ — 肉組織を軟化させ、風味を向上させる
⑤リパーゼ　— ビタミンCを酸化させ、効果をなくす

36 □□□

小麦の種類や性質、用途などの説明として、最も適切なものを選びなさい。
①小麦は、胚芽の硬さから、硬質・中間質・軟質小麦に分類される。
②小麦粉は、一般にタンパク質が多いほどグルテン含量は少ない。
③小麦の粗挽き時に出た胚乳の断片をふすまという。
④グリアジンの特性は弾性、グルテニンはやわらかくのびやすい。
⑤デンプン粒は、吸水・加熱するとα化する。

37 □□□

米の中でアミロースやアミロペクチンが多く含まれている部位として、最も適切なものを選びなさい。
①もみがら
②果皮
③ぬか層
④胚芽
⑤胚乳

38 □□□

酒造好適米の玄米60kgを精米して、精白米33kgができた。このときの精米歩合として、最も適切なものを選びなさい。
①40%
②45%
③50%
④55%
⑤60%

39 □□□

柏もち、みたらし団子、白玉団子に使用する粉の原料として、最も適切なものを選びなさい。
①コメ
②ソバ
③コムギ
④コウリャン
⑤トウモロコシ

40 □□□

パンの種類の中でリーンなパンとして、最も適切なものを選びなさい。

①メロンパン
②バゲット
③クロワッサン
④デニッシュペストリー
⑤ブリオッシュ

41 □□□

あんは、小豆・白小豆などの豆を砂糖とともに煮詰めた食品である。あん製造において、生あんに砂糖を加えて練り上げる「あん練り（製あん）」作業を行う目的として、最も適切なものを選びなさい。

①豆中のデンプン粒子をα化し、大きなあん粒子を作る。
②豆中のタンパク質を引き出し、グルテンの形成を促す。
③α化したあん粒子のβ化を遅らせ、くずれにくい粒子にする。
④豆の粒子を粉砕し、食感を滑らかにする。
⑤豆の細胞を壊して、うま味を引き出す。

42 □□□

豆腐の製造に用いられる凝固剤「にがり」の説明として、最も適切なものを選びなさい。

①海水を煮詰めて得られる結晶で、主成分は塩化マグネシウムである。
②熱で分解してグルコン酸になり、この酸によって豆乳中のタンパク質を凝固させる。
③主成分は硫酸カルシウムで、豆乳の濃度や温度に幅広く対応する。
④保水性が強く、脱水せずにかためる絹ごし豆腐の製造に適している。
⑤水に溶けやすく、滑らかで、弾力ある豆腐ができるため、充てん豆腐の製造に適している。

43 □□□

茶の種類は多く、摘採した茶葉を全く発酵させない不発酵茶、少し発酵させた半発酵茶、十分に発酵させた発酵茶がある。半発酵茶として、最も適切なものを選びなさい。

①玉露
②番茶
③ウーロン茶
④てん茶
⑤紅茶

44 □□□

写真の豆類に関する説明として、最も適切なものを選びなさい。

①タンパク質を豊富に含み、「みそ」の原料となる。
②豆板醤の原料である。
③暗発芽させ、もやしとして利用する。
④リノール酸などの不飽和脂肪酸を多く含む。
⑤未熟の青豆をグリーンピースとよぶ。

45 □□□

この果実に含まれる色素の特徴として、最も適切なものを選びなさい。

①酸性では赤色、中性では紫、アルカリ性では青色を呈する。
②体内でビタミン A に変化する。
③緑黄色野菜に多く含まれる。
④アルミニウムを含む化合物である。
⑤トマトの赤色成分と同じ物質である。

46 □□□

野菜の収穫後の生理特性について、最も適切なものを選びなさい。

①収穫後も、水分や栄養成分の吸収ができるため、長期保存が可能である。
②収穫後は、呼吸が止まるため、鮮度低下も止まる。
③収穫後、低温に貯蔵しておくと呼吸量が大きくなるので、鮮度が保てる。
④収穫後は、ペクチンが分解されるため、カロテノイドの色が目立つ。
⑤収穫後は、クロロフィルが分解されるため、カロテノイドの色が目立つ。

47 □□□

アルコール発酵の化学式として、最も適切なものを選びなさい。

① $C_6H_{12}O_6 \rightarrow C_2H_5OH + CO_2$
② $C_6H_{12}O_6 \rightarrow CH_3OH + CO_2$
③ $C_6H_{12}O_6 \rightarrow {}_2C_2H_5OH + {}_2CO_2$
④ $C_6H_{12}O_6 \rightarrow {}_2C_2H_5OH + CO_2$
⑤ $C_6H_{12}O_6 \rightarrow {}_2CH_3OH + {}_2CO_2$

48 □□□

写真の機器を用いてつくる食品として、最も適切なものを選びなさい。

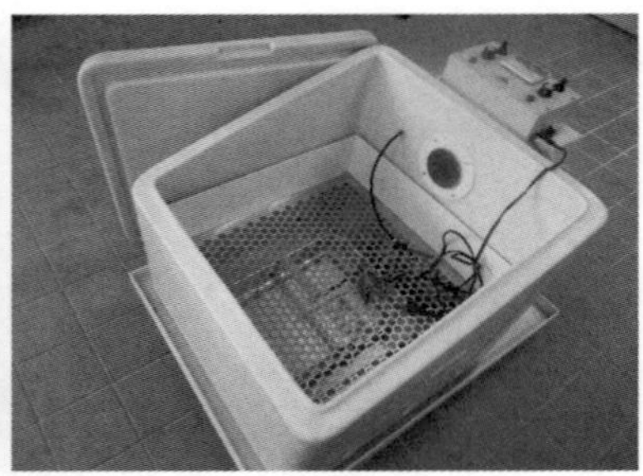

①豆腐
②麹
③かまぼこ
④うどん
⑤ソーセージ

49 □□□

Aspergillus sojae が製造に係る食品として、最も適切なものを選びなさい。

①納豆
②かつお節
③ビール
④テンペ
⑤しょうゆ

50 □□□

食品の品質保証に関する説明として、最も適切なものを選びなさい。

①消費者基本法では製造物により生じた損害について、製造業者の責任について規定している。
②製造物責任法の目的は、食品に起因する危害発生を防止することが目的である。
③食品衛生法は、適正な成分表示のあり方について規定している。
④食品安全基本法では、食品安全性の確保についての基本的な考え方を定める。
⑤ JAS 法は、消費者の権利を明記している。

編集協力
荒畑　直希
木之下明弘
佐々木正剛
佐瀬　善治
佐藤　　崇
高橋　和彦
中井　俊明　他

2020年版
日本農業技術検定
過去問題集　２級

令和２年４月　発行

定価1,100円（本体1,000円＋税）送料別
編　日本農業技術検定協会
事務局　一般社団法人 全国農業会議所
発行　全国農業委員会ネットワーク機構
一般社団法人 全国農業会議所

〒102-0084　東京都千代田区二番町９－８
中央労働基準協会ビル
TEL　03(6910)1131

全国農業図書コード番号　R02-02

2020年版
日本農業技術検定
過去問題集　２級

解答・解説編

2019年度 第１回 日本農業技術検定２級 解答一覧

共通問題［農業一般］

設問	解答
1	④
2	③
3	①
4	①
5	①
6	①
7	④
8	①
9	①
10	②

選択科目［作物］［野菜］［花き］［果樹］［畜産］［食品］

設問	解答	解答	解答	解答	解答	解答
11	④	③	④	③	②	⑤
12	①	⑤	④	④	⑤	③
13	①	①	④	④	④	⑤
14	③	②	④	①	④	④
15	①	③	①	③	④	②
16	④	④	③	①	④	②
17	③	①	④	①	③	⑤
18	②	⑤	③	②	①	④
19	④	①	①	①	⑤	②
20	⑤	④	③	③	②	⑤
21	①	⑤	④	①	④	③
22	②	②	④	⑤	④	④
23	③	①	⑤	③	④	①
24	①	②	④	①	③	④
25	①	④	③	①	①	①
26	⑤	⑤	①	⑤	②	③
27	③	③	①	④	③	④
28	④	③	②	②	①	③
29	⑤	④	⑤	①	⑤	②
30	②	③	②	③	④	④
31	⑤	②	①	⑤	③	④
32	②	⑤	②	③	①	②
33	④	①	③	②	④	⑤
34	⑤	⑤	⑤	①	⑤	⑤
35	③	①	⑤	⑤	②	⑤
36	①	⑤	②	④	④	②
37	②	④	①	③	①	⑤
38	②	⑤	④	③	②	①
39	⑤	②	③	①	①	③
40	④	③	②	②	③	③
41	②	①	⑤	⑤	①	①
42	④	④	⑤	①	④	④
43	⑤	③	②	①	④	③
44	⑤	②	③	④	③	③
45	③	③	③	③	③	④
46	④	②	③	③	③	⑤
47	⑤	④	⑤	③	③	②
48	⑤	⑤	②	①	①	③
49	④	④	③	③	⑤	③
50	③	④	③	③	⑤	②

2019年度 第2回 日本農業技術検定2級 解答一覧

共通問題［農業一般］

設問	解答
1	①
2	⑤
3	③
4	①
5	⑤
6	④
7	③
8	②
9	④
10	②

選択科目［作物］［野菜］［花き］［果樹］［畜産］［食品］

設問	解答	解答	解答	解答	解答	解答
11	②	③	①	②	③	④
12	③	②	③	①	①	⑤
13	④	③	④	⑤	③	②
14	①	④	②	③	④	①
15	②	②	④	④	⑤	③
16	⑤	⑤	④	②	①	④
17	④	②	②	⑤	②	④
18	②	⑤	①	①	⑤	⑤
19	①	③	③	③	④	④
20	⑤	①	③	①	⑤	①
21	①	②	①	③	⑤	①
22	④	①	③	②	④	②
23	④	④	③	④	⑤	①
24	③	①	④	②	③	⑤
25	①	④	②	②	④	①
26	②	④	②	④	②	⑤
27	②	②	④	③	③	③
28	④	⑤	③	⑤	①	⑤
29	④	①	②	②	③	③
30	④	②	⑤	④	④	①
31	⑤	②	②	②	⑤	④
32	②	②	②	①	③	⑤
33	①	⑤	③	③	③	③
34	②	③	①	①	⑤	④
35	④	③	④	②	③	①
36	④	⑤	④	③	④	⑤
37	③	③	①	②	③	⑤
38	④	⑤	①	④	③	④
39	①	③	⑤	①	⑤	①
40	⑤	①	⑤	②	②	②
41	④	④	①	④	⑤	③
42	④	②	②	③	②	①
43	③	②	②	③	⑤	③
44	④	③	③	①	①	②
45	④	②	⑤	③	⑤	①
46	①	③	②	③	③	⑤
47	③	①	④	⑤	②	③
48	⑤	②	①	②	①	②
49	②	③	③	④	⑤	⑤
50	④	①	⑤	②	①	④

2019年度 第1回 日本農業技術検定2級　解説

（難易度）★：やさしい、★★：ふつう、★★★：やや難

共通問題［農業一般］

1　解答▶④　★

生活スタイルの変化に伴い、食の外部化が進行し、業務用需要米が約4割（2018年3月農林水産省発表39%）を占め、群馬県65%、福島県65%、岡山県63%、栃木県63%が6割を超えている。米の生産も業務用需要への対応が求められている。

2　解答▶③　★★★

これまで、JASの対象は、モノ（農林水産物・食品）の品質に限定されていたが、モノの「生産方法」（プロセス）、「取扱方法」（サービス等）、「試験方法」などにも拡大した。

3　解答▶①　★★★

食品添加物は、食品の製造の過程において、または、食品の加工もしくは保存の目的で、食品に添加、混和、浸潤その他の方法によって使用するものをいう。微生物による腐敗を防止する保存料、油脂類の酸化による変敗を防ぐ酸化防止剤、カンキツ類を腐敗させるカビの発生を防止する防かび剤などがある。

4　解答▶①　★★

取引が発生すると、資産・負債・資本に増加・減少という変化をもたらし、また、収益・費用の発生・消滅をもたらす。これらの増加・減少、発生・消滅は、問題のような8要素の組み合わせになる。

5　解答▶①　★★

損益計算書とは、PL（Profit and Loss statement）とも呼ばれ、収益、費用、利益の3つに分けて書かれている。左側に費用の各項目を記入し、右側に収益の項目を記入する。

6　解答▶①　★★

集落や地域が抱える人と農地の問題を解決するため、地権者や担い手の参加を得た話合いを通じ、地域農業を担う経営体や地域の在り方等をまとめた未来の設計図となる「人・農地プラン」の作成が進められている。作成した「人・農地プラン」に位置づけられると、「農業次世代人材投資事業（経営開始型）」、「スーパーL資金の当初5年間無利子化」といった支援を受けることができる。

7　解答▶④　★★★

2019年度の食料自給率は、カロリーベースでは37%、生産額ベースでは66%となっている。小麦の自給率は12%（2018年度）である。国は2015年に非常時の食料生産力を示す新たな指標として「食料自給力」を示した（主要穀物中心、イモ中心の4つのパターンを提示）。

8　解答▶①　★★★

農業の収益は収穫年基準が適応され、収穫した年に全額計上される。したがって、繰り越した米も期末の価格で見積もり今年の収益に計上する（費用収益対応の原理→　費用と収益を同じ年度に計上する）。

9　解答▶①　★★

②収入減少の対象は自然災害だけでなく、価格低下など農業者の経営努力では避けられない収入減少を対象とする、③対象品目の限定は基本

的にはないが、肉用牛・肉用子牛・豚肉・鶏卵はマルキン制度があるために別立てとなる、④加入申請の窓口は農業共済組合、⑤収入補てんは最大90%が上限である。

10　解答▶②　★★

食品表示基準が改正され、平成29(2017) 年９月に、これまで一部の加工食品のみに義務付けられていた原料原産地表示について、全ての加工食品を対象に、重量割合上位１位の原材料の原産地を、原則として国別重量順で表示する新たな制度が始まった。

選択科目［作物］

11　解答▶④　★

①充実した種子を選ぶには比重選が有効である。②脱芒すると播種精度が向上する。③種子由来の病気もあるので種子消毒で防除する。⑤ゴミの混入等により播種精度が悪くなる。

12　解答▶①　★★

種もみの発芽は、種もみの重さの約25%の水を吸収すると発芽する。積算温度は100℃であり、発芽の適温は30～34℃である。

13　解答▶①　★

プール育苗とは、育苗ハウス内にビニール等で簡易なプールをつくり、そこに育苗箱を並べて湛水状態で育苗する技術で、出芽・緑化までは通常の育苗管理を行い緑化終了後から湛水する。湛水以降は毎日のかん水やハウスの開け閉めの手間がなくなるので、育苗が大幅に省力化できる。②穴が大きな育苗箱の場合根が下に伸びて苗を取り出しにくくなる。③床土を減らすことが出来る。④病気の発生は極めて少なくなる。⑤育苗箱全量元肥施用や箱施薬は、肥料や農薬が水に溶け出し、苗に影響を及ぼす恐れがある。

14　解答▶③　★★★

窒素肥料は、一度に多量に与えると生育に害をおよぼし、また脱窒現象や流亡による損失割合が高いので、元肥と追肥に分けて施すことが多い。肥料は硫安よりも緩効性の強被覆尿素の方が、窒素利用率が高くなる。

15　解答▶①　★★

②移植後数日は活着を促すため深水とし活着後、浅水として分げつの発生をうながす。③中干しは無効分げつの発生を抑える。④出穂開花期

は水を必要とする時期であり、水不足により穎花数の減少や稔実障害を起こすため、深水に保つ。⑤登熟に支障をきたさない範囲で早期に落水し、収穫作業に備えて田面を乾かす。

16　解答▶④　★★★

①同じ品種でも苗の素質や栽培環境により分げつ数は異なる。②本条件では、分げつは多くなる。③分げつの出方には規則性がある。⑤最高分げつ期までの日数は寒地で長く、窒素吸収量が多いほど長くなる。

17　解答▶③　★★

水田の水には、③のほか養分や水分を供給したり、雑草の発生を抑えたり、肥料の効果を調節するなどのはたらきがある。①収量の多い水田では、作土が18～20cm の厚さがある。②畦ぬり（くろぬり）は畦畔からの水漏れを防ぐために行う。④水田の１日当たりの水の減り方（減水深）は、15～25mm くらいがよい。⑤代かきは丹念に行うほど、水持ちがよくなるが、通気性は低下する。

18　解答▶②　★★★

穂ばらみ期は出穂の７～10日前頃から出穂までの穂が大きくなって葉鞘（しょう）がふくれる時期を言う。１株の10～20％が出穂始め、40～50％が出穂期、90％が穂ぞろい期という。

19　解答▶④　★★

①直まき栽培は移植栽培に比べ、育苗作業が不要である。②直まき栽培は湛水水田と乾田での直まきがある。③たん水土中への直まきでは種もみは腐敗しやすい。⑤点まきと条まきがある。

20　解答▶⑤　★★★

（1÷0.3）×（1÷0.1）＝33.33…で算出できる。

21　解答▶①　★

②散布前に苗の葉に付いた露を落とす。③散布むらに注意し、均一に散布する。④散布後は葉の上の粒剤を苗箱内に落とす。⑤徒長苗や老化苗は薬剤の影響を受けやすい。

22　解答▶②　★★

曇雨天が続くときに窒素追肥を行ったり、高温多湿や日照不足、密植状態で通気性が悪くなったりする状況で発生しやすくなる。いもち病は種子感染するため、種子消毒は欠かせない作業である。

23　解答▶③　★

①発生する雑草に合わせ適切な除草剤を選ぶ。②水田の田面の均平は防除効果に大きく影響する。④除草剤ごとの使用基準を読み、適正な散布量を守る。⑤徒長苗や浅植えは除草剤の影響を受けやすい。

24　解答▶①　★★★

①コナギ。ミズアオイ科の一年生水田雑草。②イボクサ。ツユクサ科の一年生水田雑草。③ウリカワ。オモダカ科の多年生水田雑草。④アゼナ。アゼナ科の一年生水田雑草。⑤タウコギ。キク科の一年生水田雑草。

25　解答▶①　★★

ユウレイ病などともいわれ、新葉が黄白色になり、こよりのように葉を巻いて垂れる。移植時期による被害の回避をはかることが大切で、例年発生が多い地域では、ヒメトビウンカ第１世代成虫飛来盛期をすぎた６月中旬以降に田植えを行ったり、休耕田の雑草防除を実施し、ヒメトビウンカの生息密度の低下をはかることが必要である。

26　解答▶⑤　★★

しいなは、受精後初期に発育を停止したもの。茶米は台風などでもみに傷がつき、そこから菌が米粒の果皮に繁殖し褐色となったもの。焼け米は刈取り後の管理で、胚乳内部まで菌が侵入して変色したもの。死米は米粒の登熟がかなり進んだ段階で登熟が停止したもの。③は胴割れ米のことである。

27　解答▶③　★★★

①デンプンは子実の中心部に多く分布している、②アミロース含量が多いと粘り気が少なく硬い食感になる。④高温・多日照の年はアミロース含量が低くなる傾向にある。⑤デンプンは光合成で出来たブドウ糖が縮合した物で、無味・無臭。

28　解答▶④　

麦類は乾燥した土壌が適しているため、排水性の良い土壌を選ぶ。また、早まきをすると凍霜害を受けやすくなる。麦踏みは節間伸長を始めるまでに行い、キリウジガガンボの予防として水はけを良くしておく。

29　解答▶⑤　★★

①土壌 pH は6.0程度で酸性を嫌う。②排水が良く地下水位が40cm以上の圃場を選ぶことが望ましい。③大きな土塊は少なく、砕土率は高くする。高すぎても発芽率が劣る場合がある、④播種深度、乾燥時は深く、湿潤時は浅くする。

30　解答▶②　

①連作するとしまい縮病や立枯病などが発生しやすくなるので、輪作が望ましい。③麦類は冷涼な気候を好むが、気温が３℃以下になると養分の吸収が停止する。暖地でこのような低温になることがない地帯では、気温が11.0～12.5℃となる時期が播種適期である。④多収のためには、追肥として分げつ肥や穂肥を適切に施用することが望ましい。⑤深さ３cm程度が適切である。

31　解答▶⑤　

赤かび病になった麦類を人や家畜が食すと中毒を起こす。赤かび病は出穂後から乳熟期にかけて雨が多い場合や、高温の年に大発生する。暖地に多い。空気伝染し、出穂直後の穂がおかされて桃色のかびが生じ、やがて黒い子のう核が点状にできる。抵抗性品種の導入や種子消毒、乳熟期の薬剤散布が効果的である

32　解答▶②　★★

①麦飯や麦茶はオオムギが原料である。③デュラム種はコムギである。④エンバクはオートミールの原料である。⑤ライムギはパン（黒パン）などに利用する。

33　解答▶④　★★

①雌雄同株だが雌雄異花で雄花先熟（先に咲く）。②絹糸は雌しべ（柱頭）で個々の子実に１本ずつ着けている。③もち性品種があり、ワキシーコーンと呼ばれる種がある。⑤イネ科植物であるがC_4型である。

34　解答▶⑤　

①吸肥力が強いので、10a あたり元肥は窒素20kg以上とし、追肥も施用する。②他家受精するので、近くで異品種を栽培するとキセニア現象を引き起こす。③分げつを除去することを除げつというが、近年の栽培品種では分げつは除去しなくてよい。④特に、開花・受粉時には水分要求量が多くなるので、土が乾燥している場合は十分かん水する。

35　解答▶③　

トウモロコシは、他殖性植物で他の品種と容易に交雑するため、異なる品種のトウモロコシは100～200mほど離して栽培する。特にスイートコーンはキセニアを避ける必要があり、デントコーンやフリントコーンの花粉で受精すると甘みが著しく減少したり、子実が硬質になったりする。

36 解答▶① ★

写真はトウモロコシの茎を食害するアワノメイガの幼虫である。害を受けた雄穂は枯れて折れ曲がる。対策として、雄穂が見え始めた頃、薬剤散布をする。被害が出た穂は取り除く。

37 解答▶② ★

苗立枯れ病防除用のチウラム水和剤を粉衣することで黒穂病も同時に防除される。連作や窒素質肥料の多用や排水不良畑、地下水位の高い畑を避け、風通しの悪さを改善し、被害株を積み込んだ堆厩肥を畑には施用しないなどが防除のポイントになる。

38 解答▶② ★

ダイズ子実の食品の利用法としては多様である。①脂肪含量も多く、栄養価は高い。③輸入ダイズは主に製油用に用いられる。④タンパク質が多く、栄養価は高い。⑤小粒種を中心に納豆、中粒種より大きい品種で味噌、醤油など発酵食品にも適する。

39 解答▶⑤ ★★

ダイズの種子は無胚乳種子で種皮と胚軸、幼芽、幼根、子葉などからなる胚で構成され、弱酸性の土壌を好む。また、連作障害が起きるため、水稲、麦類などと輪作をする必要がある。根粒の働きで空気中の窒素をアンモニアとして固定・吸収することが出来るため、窒素施肥が少なくても育つ。タンパク質と脂質が豊富で栄養価が高い。

40 解答▶④ ★

①根粒菌からの窒素供給があるので、窒素は成分量1～3kgとする。②弱酸性から中性を好む。③遅まきは生育量が小さいので、播種量を増やしたり、密植にしたりする。⑤朝や夕方は湿度が高く、莢がはじけにくいので、10時以降がよい。

41 解答▶② ★

ホソヘリカメムシやアオクサカメムシなどは、口針を子実や莢、葉に刺して吸汁するため、莢の黄化を招き、子実の肥大が阻害される。①ダイズサヤタマバエによる被害の説明。③マメシンクイガによる被害の説明で北日本に発生が多い。④コガネムシ類による被害の説明。⑤タネバエによる被害の説明である。

42 解答▶④ ★★

種いもは植え付けの3週間ほど前から雨の当たらない場所に広げて浴光催芽により、芽を出させる。種いもは芽の配列を考え1片に2～3個の芽が残るように40～50g 程度で切っておき、3～4日切断面を乾燥させた後に植え付ける。元肥の上に間土を入れ、その上に種いもを植え付けて5 cm 程度の覆土を行う。

43 解答▶⑤ ★

出芽約2週間後（着蕾期ころ）には、株の基部に土を寄せる土寄せ(培土）を行う。土寄せは、いもの緑化を防止したり、塊茎肥大期の地温・水分条件を調節して塊茎の生育を促したりする重要な管理である。また、排水がよくなることで、えき病による塊茎腐敗防止の効果もあり、根際に水がたまらないように注意して行う。

44 解答▶⑤ ★★

茎葉が黄変してから約2週間後を収穫期の目安とする。いもの表面がかたくなり、土壌がいもと容易に分離するくらいに乾燥した時が収穫適期である。ただし、青果用では開花終了期後に早期収穫することがある。いもは収穫後も呼吸をしており、傷口から雑菌が入り腐敗しやすいので、14～21日ほど通風のよい場所において表面をコルク化させる。

貯蔵温度は用途によって温度を変えるようにする。また、塊茎にはソラニンが含まれているので、日光にさらさないように注意する必要がある。用途としては青果用約2割、加工用約2割、デンプン用が約4割となっている。

45　解答▶③　★★★

そうか病は乾燥しやすく通気のよい圃場で、また塊茎形成から肥大初期にかけて地温が高く、少雨乾燥に経過した年次に早発し、発病被害が多い。土壌 pH が5.2以上で発生し、6.5ないしアルカリ側で多発生する。収穫量が減少することはほとんどないが、重症塊茎ではデンプンの含有量が著しく低下するほか、デンプンの品質にまで悪影響を及ぼす。激しい場合、食用品、食品加工用としての価値を著しく低下させる。病原菌は細菌で放線菌の一種で、堆肥などの土壌中の腐敗植物体、あるいは家畜廃物を多量に施した土壌中などで長期間生存できる腐生型生存菌である。感染経路は土壌伝染である。

46　解答▶④　★★

サツマイモの貯蔵には温度13℃、湿度80～90%が適するが、キュアリング処理は温度32～33℃、湿度90%以上で3～4日行い、収穫作業などでできた傷がコルク層（ゆ傷組織）で覆われることで貯蔵期間中に傷口からの病原菌の侵入が少なくする。①デンプンの糖化は10℃以下の低温で促進される。②③殺菌、殺虫効果はない。⑤萌芽を防止する効果はない。

47　解答▶⑤　★★★

⑤コガネセンガンは焼酎原材料として、おもに九州地方で生産されている。①高系14号、③ベニアズマ、④紅赤は青果用の品種である。②タマユタカは干しいも用の品種である。

48　解答▶⑤　★

作物は野生種に比べ、①食用となる種子やいもは大型化している。②種子の脱粒性は難である。③発芽は斉一性である。④開花や成熟は斉一性である。

49　解答▶④　★★

窒素成分量は5%であり、20kg入り肥料では（20×0.05＝）1 kg含有していることになる。20÷10×30×（20×0.05）＝60（kg）

50　解答▶③　★

農業におけるドローンの実用化に向けた取り組みは、急速に進展している。農薬等の散布は元より、カメラ等計測機器とクラウドを利用した精密農業のシステム開発・具現化、葉色や生育等の可視化や数値化による高度技術の平準化や伝達化が可能になりつつある。

選択科目［野菜］

11　解答▶③　★★

解説：ロックウール耕は、岩石を溶かして繊維状にしたロックウールを培地とした固形培地耕。NFTとは（Nutrient Film Technique，薄膜型水耕法）。DFTとは（Deep Flow Technique，湛液型水耕法）。

12　解答▶⑤　★★

写真は栽培後半の生育ステージである。この時期に発生しやすい「しり腐れ果」は、カルシウム不足が原因で発生する生理障害で、カルシウム剤の補給により軽減することができる。

13　解答▶①　★★

①キュウリは夜間の温度が高いときよりも低く、短日条件のほうが雌花になりやすい性質がある。また④雌雄同株性である。⑤曲り果は水分不足で発生する。

14　解答▶②　★★★

キュウリのしり細り果は②高温乾燥・吸水障害で発生する。①はトマト果実での発生要因③糸状菌による病気。④うどんこ病は乾燥状態で糸状菌が原因で発生する。⑤土壌消毒はうどん粉病の対策として明確な効果は期待できない。

15　解答▶③　★

コーティング種子の利用は、は種作業の効率化や発芽時の発病防止など、利用が広がっている。発芽の温度管理は通常どおり行う。

16　解答▶④　★

①レタスは種子が細かいためコーティング種子を利用する場合が多い。②高温が続くと抽だいするため、夏季は高冷地での生産が盛んである。③⑤種子は好光性で、発芽適温は15～20℃であり、深すぎる覆土は発芽率を低下させる。

17　解答▶①　★

長花柱花は花こうが太く花柱が長く大きいため、容易に受精して結実する。気温が17～32℃の時、正常な受粉・受精が行われる。

18　解答▶⑤　★★★

ホウ素欠乏は、⑤の症状を呈し、著しく商品価値が低下する。①ウイルス病、②軟腐病、③す入り、④岐根の説明である。

19　解答▶①　★★

野菜は高温時の消耗による品質低下が著しい。このため温度を下げ、輸送中の品質低下を防ぐことを「予冷」という。以下②キュアリング、③コールドチェーン、④フィルム包装、⑤低温貯蔵の説明である。

20　解答▶④　★★

トマトの空洞果防止には、④ジベレリンを花房に散布する。また、トマト栽培では、②4－CPAが着果・果実肥大・熟期促進の目的で利用される。

21　解答▶⑤　★★

キュウリの促成栽培の説明は、⑤である。促成栽培では、低温肥大性、果形安定性の品種が望まれる。①は抑制栽培。

22　解答▶②　★★★

写真は②キスジノミハムシの成虫である。体長は2～3 mm程度で、後脚が発達しており跳躍して移動する。成虫は葉を食害し、葉に1 mm以下の穴をあける。幼虫は地下部の根部を加害する。アブラナ科野菜を連作すると発生しやすい。

23　解答▶①　★

暖房負荷係数は小さいほど効率的である。温室・ハウスでは保温効果を高め、暖房費の削減のため様々な工夫がなされている。

24　解答▶②　★★★

スイートコーンは雄すいと雌すい

の成熟時期が異なるため、株数が少ないと雌すい出すい期に適した雄すいの花粉が無い場合があり、受粉が不十分で先端不稔や実の入りが悪くなる。

25　解答▶④　★★★

写真はナスの短花柱花で、花柱が短く柱頭が見えない。短花柱花は葯から出る花粉を受けにくく受粉しにくい。

26　解答▶⑤　★★

オクラの葉の裏には、分泌物である多糖類のムチンが透明の粒の状態で見られることがある。この粒は透明で、内容物に卵のような構造も見られない。オクラのムチンは粘りの原物質である。

27　解答▶③　★★★

レタスの葉の先端や周辺部が褐変するチップバーンはカルシウム不足が原因である。ほかに生育期の温度によってもその程度が変化する。

28　解答▶③　★★

①地温18～20℃で発生する、④排水が悪いと発生しやすい。⑤アブラナ科の輪作は避ける。

29　解答▶④　★★★

①と②及び③は逆の解説である。⑤裂球は収穫適期を遅れると発生しやすい。

30　解答▶③　★★★

農PO（ポリオレフィン）系フィルムは、やや硬質で伸縮性に乏しい。伸びない性質をいかし、パイプハウス等ではコード（紐）によるフィルムの保持を要しない構造が多くみられる。農業用ビニールと比較して、同じ厚さでも軽く耐久・耐候性・コストは優れているが、防滴・防曇性は劣る。赤外線透過率は、同じ厚さの場合、農業用ビニール　<　農PO（ポリオレフィン）系　<　農業用ポリエチレン　と高くなる。赤外線透過率が高くなるほど、昼間の温度は上がりやすく、夜間の保温能力は低くなる。

31　解答▶②　★

②は水分不足でボケ果(ボケナス)が発生する。④更新せん定を行い秋に新しく発生した枝に再び着果させる。⑤訪花昆虫の活動が弱くなる、昆虫は紫外線を見ているため紫外線カットフィルム下では行動が抑制される。

32　解答▶⑤　★★★

ナス科（トマト）、ウリ科（キュウリ）の作物は嫌光性である。

33　解答▶①　★★

②マイナス８℃で地上部は枯れても地下部は耐える。③茎もあるが、食用としない。④低温・短日で花芽分化する。⑤根は乾燥に強い。

34　解答▶⑤　★★★

①根部が球体のダイコンもあり長形のカブも存在する。②辛みカブもある。③大根の葉には小葉(翼葉：よくよう)がある。

35　解答▶①　★★

ホウレンソウの発芽適温は15～20℃。発芽をそろえるため①のような種子催芽処理がある。

36　解答▶⑤　★

①ニンジンの種子は他の野菜に比べ発芽率が50～70％と低く、②種まき後はかん水するだけでなく、乾燥を防ぐためのマルチングは効果が高い。③移植はしない、④発芽率向上や、間引き作業軽減のためコーティング種子も多く利用されている。

37　解答▶④　★★

受粉は雌花の開花から１～２時間以内がよい。受粉後４時間以内に降雨があると、受精が行われず結実しない。収穫時期は一日の平均気温の積算で判断する。

38 解答▶⑤ ★★

白マルチは地温を低下する効果が高く、特に高温期において高温による生育抑制を防止できる。①はシルバーマルチ、②コナジラミは農薬や防虫ネットで対応する。

39 解答▶② ★★

ネットの発現は、果実の表皮細胞と果肉の細胞の肥大とのアンバランスから生じ、細かい裂果から始まる。裂果は傷であり、この傷をふせぐ癒合組織が発達したものがネットとなる。ネットが出てから袋かけする。

40 解答▶③ ★★

①は軟腐病、②はべと病、④はい黄病、⑤は根こぶ病の被害の特徴である。黒腐病は春や秋の雨の多いときに多発する。

41 解答▶① ★★★

①の開花期前後の低温や極端な高温による受精障害により果実が発育・肥大しないことで発生する。②の要因では、つやなし果が発生しやすい。⑤の要因では、双子ナスやへん平果、舌出し果が発生しやすい。

42 解答▶④ ★★

キャベツの生育についての説明として、適切なものは、④植物体バーナリゼーション型の野菜で、生育中に一定期間低温にあうと花芽分化し、やがて高温・長日で抽だい（とう立ち）する。①はダイコン、②はトマト、③はネギ、⑤はハクサイの生育の特徴である。

43 解答▶③ ★

軟腐病は、土壌中に広く生息する土壌伝染性病原菌で、潅水や降雨にともなう土壌のはね上がりによって感染し、急速に増殖して組織を軟化、腐敗させる。①尻腐病、④根こぶ病、⑤べと病は糸状菌による病害であり、②モザイク病はウイルスによる病害である。

44 解答▶② ★★★

黒葉枯れ病は、はじめ黒褐色の小斑点であるが、のちに大型となり枯れる。症状が激しいときは、根の肥大も悪くなり、②の方法で防除する。①は黄化病やモザイク病、③はネグサレセンチュウ、④は白絹病の防除法で⑤は青首の軽減策である。

45 解答▶③ ★★★

キセニアとは、スイートコーンなどで雄穂に異なる品種の花粉がつくと雄性遺伝子の形質が現れることをいう。

46 解答▶② ★★

写真はレタスの霜害の様子を示している。関東地方の春季の栽培では遅霜による被害に注意しなければならない。被害果は品質が著しく低下し、場合によっては出荷できなくなる。対策としてはトンネル栽培や不織布でうねを覆うなどの方法がある。

47 解答▶④ ★★★

①、②は殺虫剤、③は殺菌剤、⑤は除草剤に分類される。

48 解答▶⑤ ★★

一般的な散布液の作成は、まず所定量の水に付着性や懸濁性を高める展着剤から希釈し、その後は安定性の高い製剤から順番に希釈していく。

49 解答▶④ ★★

環状５頭口噴口は、果菜類などの背丈のある葉の表裏にきめ細かく薬液を付着させることができる。口角噴口は、正しくは広角噴口。泡噴口は除草剤用、鉄砲噴口は高所散布用、スズラン噴口は葉菜類等の背丈が低く平面的な作物用。

50 解答▶④ ★★

ブロッコリーの花らいの間から小さな葉が出たりするのは、リーフィーと呼ばれる生理障害で、花芽分化後の花らい発育中に30℃以上の高温に連続してあうと発生が見られる。

選択科目［花き］

11　解答▶④　★

バラは代表的な花木として分類される。キンギョソウは一年草、アルストロメリアは球根、ファレノプシスはラン類、パンジーは一年草として扱う。

12　解答▶④　★★

スイートピー、ヒマワリは一年草、キク、カーネーションは宿根草である。

13　解答▶④　★★

施設内を有効に利用し、適切な栽培を行うためにはそれぞれの栽培適期を理解しておく必要がある。①秋植え球根、②宿根草、③⑤春まき一年草。

14　解答▶④　★★

パンジーはスミレ科の秋まき一年草に分類される。原産地はヨーロッパで、冷涼な気候を好む。高温期に播種し、10月以降出荷する秋出し栽培が確立し、秋冬の花壇材料として需要が広がった。ビオラは小輪・多花性。

15　解答▶①　★★

ケイトウはヒユ科、コリウスはシソ科、ハボタンはアブラナ科、オダマキはキンポウゲ科。

16　解答▶③　★★★

ストックの種子を播くと、八重と一重が50％ずつ出現するが、市場性があるのは八重の株である。そのため、発芽後に八重咲きの特性を持つ苗を選んで栽培する。これを八重鑑別という。①八重咲きの特性は一重咲きに比べて発芽が早く、②子葉は卵形で大きく、本葉は波うって長く、④⑤葉色は淡緑色で、生育は盛んである。

17　解答▶④　★

暮らしに役立つ植物を総称してハ

ーブと呼ぶが種類は多岐にわたる。この中で比較的多くのものが含まれるものにはシソ科の植物があげられる。

18　解答▶③　★★

ペチュニア、トルコギキョウ、プリムラは明発芽種子、ヒマワリは光の有無に影響しない。シクラメン、ニチニソウは暗発芽種子である。

19　解答▶①　★★

ファレノプシス（コチョウラン）は単茎性種であり、株立ちにならないので、株分けは不可能である。ランは、株の姿から大きく複茎性種と単茎性種の２つの形態に分かれる。複茎性種とは毎年新しい芽が親株の元から出て、それが花を咲かせて株が増えていく性質をもつタイプをいう。

20　解答▶③　★★★

ヤシ類は種子ができやすく、種子をまいて増殖することが容易である。ほかは主にさし芽や株分け、とり木などで増やす。

21　解答▶④　★★★

スパティフィラムは株分けや組織培養によって殖やすことができるが、さし芽、取り木、接ぎ木、葉ざし増殖は難しい。

22　解答▶④　★★

種子繁殖では親株と形質の異なるものが得られる。これを利用して新品種作出が行われる。

23　解答▶⑤　★★

①さし木で繁殖させる。②花は苞の中に存在する。③短日処理する。④11月出荷する。

24　解答▶④　★★

立ち枯れ病であるカーネーションいちょう病はフザリウムというカビが原因で発生するが、病原菌は胞子が土壌中で長時間生存するため、対策としては土壌消毒が必要である。

25　解答▶③　★★★

ポリアンサやマラコイデスは12～13℃の低温で花芽分化するが、オブコニカは播種後一定期間を過ぎて苗齢が進むと温度に関係なく花芽分化するので、早めに播種すると早く開花する。

26　解答▶①　★★

テッポウユリの球根は45℃の温湯に30～60分ほど浸けると休眠が完全に打破され、それ以降の冷蔵処理の効果があがる。冷蔵処理は10℃以下で６～８週間である。

27　解答▶①　★

低温にあたった後に花芽分化することをバーナリゼーション（春化）という。低温にあたった後に高温にあたって春化作用が打ち消されることを、ディバーナリゼーション（脱春化）という。休眠は種子や芽などの植物体のさまざまな器官が成長を停止した状態。休眠打破とは、休眠から覚めること。スリーピングは輸送による傷みを防止するため、花束をプラスチックフィルムなどで巻くこと。

28　解答▶②　★★★

①ジベレリン－開花促進、茎の成長促進、②ダミノジット、パクロブトラゾール－わい化　③ベンジルアデニン－えき芽着生促進　④インドール酪酸－発根促進　⑤２－４Ｄは除草剤

29　解答▶⑤　★★★

アはペダル、ウは花柄、エはセパル、オはリップ、イはコラムと呼ばれずい柱である。

30　解答▶②　★

台刈りとは、植物の下部より上を切り取る技術。頂花取りはスプレー咲の第一花を取り除くこと。整枝とは、摘心をした後に発生した芽を整理すること。折り曲げとは主にバラ

栽培で枝を折り曲げて同化専用枝とする技術。

31　解答▶① ★

ほとんどの農家はロックウール培地を利用している。廃棄時は産業廃棄物となるが、使用時のトラブルが少なく、生育も良好である。ロックウールは、玄武岩、その他の天然岩石などを主原料として、キュポラや電気炉で1,500～1,600℃の高温で溶融するか、製鉄所の高炉から出た溶融スラグを電気炉で1,500～1,600℃の高温で溶融して、綿飴を作るように遠心力で吹き飛ばして繊維状にした人造鉱物繊維でできている。

32　解答▶② ★

肥料成分は左から窒素―リン酸―カリの含有量を％で表している。

求める施用量をｘとすると、ｘ×0.1＝15となるので、窒素15kgを施用するには150kg施用する。

33　解答▶③ ★

農薬1000倍液は、水1000ml（１リットル）に農薬１ｇを溶かした状態である。これを50リットル作ると、50ｇが必要となる。

34　解答▶⑤ ★★★

※は長野県が該当する。夏の冷涼な気候と高地特有の日照時間を生かして栽培が行われている。

35　解答▶⑤ ★★

ユリの栄養繁殖は、主に球根のりん片を新しい川砂またはバーミキュライトなどの清潔な用土にさして繁殖させるりん片繁殖が行われる。低温に当たると、形成された子球から出芽する。再度植え付けて肥培すると、２年で開花可能な大玉になる。

36　解答▶② ★

界面活性剤は生け水に加えると給水促進効果がある。硫酸アルミニウムは抗菌作用が知られている。

37　解答▶① ★★★

ヒートポンプは暖房も可能。遮光は光を遮るのが目的。循環線はハウス内の空気を均一にするためのもの。マルチは土壌に被覆して保温や防草をするのが目的。

38　解答▶④ ★★

キク茎えそ病はウイルス病であり、ミカンキイロアザミウマが媒介する。ナミハダニ、センチュウ、ハスモンヨトウはウイルス病を媒介しない。ワタアブラムシはモザイク病などのウイルス病を媒介する。

39　解答▶③ ★★★

施設の向きは南北の方が日照が平均化し易い。換気は室内の急激な温度の変化を避けるため、天窓→側窓→入り口の順が一般的である。

40　解答▶② ★★★

写真の花きはアジサイである。アジサイは８月以降に来年の花芽が着くので、花後すぐに剪定しておくとよい。開花は休眠が破れてからの積算温度によるため、地域により開花期は異なる。主にさし木により繁殖するが、８月に花芽分化するため早めにさし木をしておく必要がある。

41　解答▶⑤ ★★

ラン科植物は他の植物と異なり、発芽時にプロトコームとよばれる緑色をした球状の塊を形成し、その後に植物体が形成される。

42　解答▶⑤ ★

葉の裏面が少し隆起したような乳白色の斑点ができる白さび病は糸状菌（カビ）による病気である。白さび病はキクの重要病害である。

43　解答▶② ★

平成27年の農林水産省統計によると、キクの産出額は692億円、洋ラン（鉢物）が333億円、ユリが217億円、バラが190億円、カーネーションは126億円である。

44 解答▶③ ★★

長日処理は電照によって暗期を中断する方法で、長日植物の開花を早める、あるいは短日植物の開花を遅らせる目的で行われる。

45 解答▶③ ★★

①②宿根草や花木の保護期間は30年である。④雄性不稔は花粉ができないことである。⑤ F_1新種は自殖させない。

46 解答▶③ ★

立ち枯れ病は土壌感染する病気で、根や地際の茎から感染し、初めに根が被害を受けるので、生育不良となりしおれてくるが、症状が進むと下葉から枯れが進み、茎も茶色く変色する。白さび病はトルコギキョウには発生しない。えそ病は高温とは無関係。灰色かび病は涼温期に発生しやすい。ブラスティングは低温と日射不足が原因。

47 解答▶⑤ ★★

雑種第一代では雑種強勢により、親株の形質よりも優れた形質が現れることがある。全てが親より優れたものが出現するわけではない。

48 解答▶② ★★★

シュッコンカスミソウは地中海沿岸原産であるため、夏季は冷涼で乾燥した気候を好み、アルカリ性で排水の良い土壌が適する。乾燥地の植物に多いゴボウ状の根をもつ。夏を越した株は、短日・低温条件でロゼット化しやすい。

49 解答▶③ ★★★

花きのおもな発芽適温は15～25℃の範囲内に含まれるが、その中でもサルビアは25℃程度の高い温度を必要とする。アサガオ、ベゴニアも高い。①④15℃　②⑤20℃。

50 解答▶③ ★★

③キクは宿根草であり、主にさし芽を用いて繁殖させる。①②④は一年草のため種子繁殖が主である。⑤シクラメンは球根類であるが、種子を用いて繁殖させる。

選択科目［果樹］

11　解答▶③　★★

写真は、葯の採集の後、ゴミを取り除き、開葯器(かいやく)に入れるために、葯を広げている作業である。この段階の葯は、赤（ピンク）である。開葯器で約25℃に設定した状態に置くと葯の嚢(ふくろ)の中から花粉が出てくる。

ナシは自家不和合性のため、別品種との受粉が必要である。そのためには受粉樹の混植か人工受粉が必要である。花粉を採取するためには、予め開花を早める必要もある。蕾を、風船状にふくらんだ状態で採取し、その後、雄しべの葯を採取する。次にフルイ等でゴミを取り除き、開葯器に入れるが、写真はその直前の状態である。30℃以上になると、花粉が死んでしまうため、25℃程度で開葯する。花粉は常温ではその能力が失われてしまうため、冷蔵庫などの低温・乾燥した場所に保存する。

12　解答▶④　★

葉に多数のハダニが寄生すると、同化（光合成）機能が阻害され、被害が大きいと早期落葉してしまう。果実が加害されると、着色や光沢が失われ、品質が低下する。

ダニは吸汁性害虫であり、スリップス（アザミウマ）と共に、肉眼で確認するのが難しい小さな害虫である。ハダニは葉の裏での発生が多く、そのために発見が遅れ、気がついた時には、被害が拡大していることが多い。高温、乾燥状態での発生が多いため、そのような状況を回避すると共に、予め薬剤散布等で予防することも必要である。

13　解答▶④　★★

オウトウとは、「桜桃」であり、サクランボ（チェリー）である。成熟期は6月中旬・下旬の梅雨の時期と重なる。果実に雨が当たると裂果、病気の発生が多くなる。そのため、オウトウでは、生育期の降雨による裂果を防止するため、雨よけテント栽培を行っている。また、雨よけ栽培を行うことで、完熟させて糖度を高め、品質の高い果実を生産することができる。産地は、ブドウと同様、梅雨時に雨の少ない山形県、山梨県、北海道などである。

14　解答▶①　★

果樹は結実開始、また収量が多くなるまでに多くの年数が必要であるため、初期収益を少しでも増やすために、植え付け時に植付け本数を多くし、樹が大きくなるにしたがって縮伐・間伐をしていくことがある。柑橘(かんきつ)では樹冠(じゅかん)が大きくなり、隣の木と接触するようになると、日当たりが悪くなって収量や品質が低下する。それを避けるために、木を1本おきに伐採するのが間伐である。写真は本数が少なくなっているので間伐である。③改植は、植えられていたものを掘り起こし、新たに苗を植えることである。④高接ぎ更新とは、品種を変えたい場合、新たに植えなおすと年数がかかるため、現在の枝に新品種を接ぐ方法である。⑤大苗移植は果樹園外で苗を栽培し、2～3年経過した苗を植えることにより、果樹園利用のロスを少なくする方法である。最新の樹形であるジョイント栽培は大苗を使うことが多い。

15　解答▶③　★★

落葉後の枝を見ると多くの芽がついている。一般的に太い芽が花芽、細いのが葉芽である。この花芽と葉芽の両方が1つの芽の中に入っているものを混合芽という。また、枝の先端にある芽が頂芽、枝の横についているものがえき芽（腋芽）である。

ブドウの芽は、葉と花穂の原基を含む混合花芽であり、展葉2、3枚のときに花穂があらわれる。また、ブドウはえき芽（えき生花芽）である。

混合花芽は、どの芽からも花穂（果房）ができる。そのため、ブドウは前年の枝を1 cm程度しか残さない短梢（たんしょう）せん定ができる。

16　解答▶①　★★

今やブドウは種無しブドウが中心となり、少しでも種があると苦情がでる時代である。特に、近年、急速に栽培が拡大しているシャインマスカット等は無核率が低くなりやすい。そのため、以前から無核効果のあったストレプトマイシンが再注目されている。農薬の殺菌剤として販売されているアグレプト液剤の主成分、ストレプトマイシンは単独でも無核化できるが、肥大効果がないため、ジベレリンと併用して使用されている。②は着粒（着果）率向上や肥大促進として利用　③ナシやカキなどの熟期促進に利用　④落葉果樹の発芽前の殺菌剤、リンゴの薬剤摘花として利用　⑤薬等に農薬が付着するのを向上させるもの。

17　解答▶①　★★

ブドウの樹形は、植付け後3～4年ほどかけ、H形等にしていく。毎年、主枝を伸ばしていくが、その段階で、わき芽が出ないと結果母枝（ぼし）ができない。このことを「芽飛び」という。新梢は、頂芽（頂部）優勢により、先端ほど強く発生し、下に行くほど弱く、また発生しないことがある。それは頂部から出る植物ホルモンが側芽の成長を抑制する働きによるものである。芽の先にナイフやノコギリで傷を入れることにより植物ホルモンを遮断（しゃだん）し、発芽を良好にするのが「芽傷」である。

2年目の枝が太く、強勢の場合には、発芽が悪くなる。そのため、1年目の新梢の時に太くしないように、わき芽をあまり伸ばさない、春先に2年目の新梢を充実したところまで切り返す、枝先を下げるなどして、発芽を促す方法もある。

18　解答▶②　★

果実は収穫後、呼吸や蒸散をしている。その場合、果実温が高いと果実内の養分（糖等）を消費してしまう。また、水分の蒸散も大きく、鮮度も失われ、腐敗する危険性も高くなる。さらに、ブドウなどでは脱粒もしやすくなる。そのため、収穫を涼しい早朝に行うか、収穫後に予冷を行うのがよい。

19　解答▶①　★★

「礼肥（れいひ）」は、「お礼肥（れいごえ）」とも言い、疲れた樹を少しでも早く回復させ、落葉までの期間に光合成を十分にさせ、貯蔵養分を蓄えさせるのが目的で、重要な肥料であるため、「秋肥（あきごえ）」とも言う。収穫後できるだけ早く速効性窒素肥料を施すが、施肥量が多いと枝が二次成長してしまうため、少量とする。③落葉してから与える肥料は、元肥である。④リン酸・カリ肥料でなく、窒素が主である。⑤果実が成っているときに窒素肥料を与えると着色の悪化・味の悪化となる危険がある。

20　解答▶③　★★★

ナシの袋かけの目的は病害虫防除であるが、特に二十世紀ナシは黒はん病に弱いため、袋かけが行われてきた。しかし、袋かけは労力的に大変であるため、農薬の発達と共に、幸水・豊水などでは無袋栽培が多くなっているが、二十世紀ナシは美しさで勝負するため、袋かけが必要である。

②袋をかけるのは大変な時間と手間がかかり、適期に被せることは困難であるため、幼果期に短時間に被せることができる小袋を一時的に被せ、後で大袋を被せる。④幸水・豊水は二十世紀ナシより病気に強いため、現在は無袋栽培が多くなっている。⑤袋かけは病害虫を軽減するが、カメムシや夜がなどは袋を被せていても吸汁・加害する。

21　解答▶①　★★★

落葉果樹の花芽分化は、ブドウが5月下旬で早く、ナシ6月中旬、リンゴ7月中旬、モモ7月下旬であり、多くの果樹が前年の初夏頃に行われる。そのため、果実が多く着果している場合、花芽分化に必要な光合成物質の炭素が果実の肥大等に使われて、花芽の分化が少なくなり、翌年開花が少なく、隔年結果につながる。なお、カンキツ類の花芽分化は1月中旬である。

22　解答▶⑤　★★

酸性土を改良する資材としては、以前は①の消石灰が主であったが、散布時に目入る等の危険性（その対策として粒状もある）や土壌への影響などから、⑤の有機石灰が多くなっている。有機石灰は、貝殻だけでなく卵の殻などもあるが、酸性を穏やかに中和するので、撒いた後すぐに種まき・定植が可能であり、土が固くならない利点がある。②は生石灰、③は苦土石灰、④は石灰窒素である。消石灰は、窒素肥料と同時に使うとアンモニアガスになりやすいため先に施用する。過リン酸石灰は「石灰」と名がついているが、酸性矯正（きょうせい）の働きはなく、リン酸肥料である。

23　解答▶③　★

果樹は、自家不和合性、雌雄異株や雄しべの不完全（花粉がない等も含む）等があるので、他品種の花粉が必要である。その場合、人工受粉か花粉提供が目的の受粉樹の混植が必要となる。受粉樹は、完全花粉の量が多く、栽培目的品種と和合性が高いことが必須条件である。開花期は、栽培目的品種よりやや早いか、もしくは同時期で着花数が多いことが望ましい。栽培が容易で果実の商品性が高いに越したことはないが、それは受粉樹としての必須条件ではない。

24　解答▶①　★

果樹は永年作物のため、土壌表面の中耕を除き、野菜のように土を深く掘り返すことはない。そのため、根付近の土壌が硬くなり、酸素が不足したり、排水が悪くなってしまうことがある。深耕により、下層土を改良することができ、土壌の物理的・化学的・生物的性質が改善されるため、根の発育がよくなり、樹体の成長、果実の発育も良好となる。方法としては、溝深耕やたこつぼ深耕などがある。溝深耕とは、ユンボ（バックホー）等で溝を掘り、その中に堆肥等を入れ、埋め戻すもので、多くの根を切る可能性もあるので、樹の周りを4年計画で掘る。たこつぼ深耕は直径20〜30cmほどの穴を数個掘る方法である。

25　解答▶①　★★

モモ等核果類の果実は、3つの発育段階を経てS字曲線を描きながら発育する（二重S字型成長曲線）。開花後50日頃までは旺盛に肥大するが、硬核期に入ると果実の肥大成長が緩やかになり、核の硬化と胚の発育が盛んになる。その後硬核期が終わると成熟まで急激に肥大する。即ち、肥大していく途中、種が硬くなる時期に肥大が一時的に停止する現象である。この現象は、モモの仲間であるスモモ、オウトウやブドウなどで見られる。硬核期に摘果を一気に行い肥大を促すと、果肉の急速な成長に核の硬化が間に合わず、縫合線にそって裂け目が生じたり、亀裂が入ったりする核割れが起こる。ブドウでは、硬核期に多くの摘粒やわき芽取りなどをすると、果実の細胞が壊れる生理障害の「縮果病」がおきる。

26　解答▶⑤　★

樹勢が強いと、葉が大きく、葉色が濃く、新梢の伸びも旺盛で、一般に果実が大きくなっても糖度が低い。反対に樹勢が弱い場合は、葉が小さく、葉色が淡く、早期に新梢伸長が停止する場合があり、果実も小玉になりやすい。そのため、樹の成長の様子から樹相診断を行い、適正樹勢へ誘導するための管理が重要となる。

樹勢が強い＝枝葉の成長が盛ん＝栄養成長が盛んということである。栄養成長を盛んにするためには、窒素肥料を多くする、せん定する枝の量を多くする＝強せん定、枝を上に向ける等の方法がある。果樹を栽培する場合、一般的には、成熟期になるころには窒素肥料が切れ、枝葉の成長が止まるようにすることが大切で、これにより着色・味が向上する。

27　解答▶④　★

生理障害は、過去は生理病と言われていたが、病原菌等でなく、様々な原因で、病気のような症状がでるものである。病原菌が原因でないため、伝染はしないが農薬は効果がない。

写真は果肉と皮の間に隙間ができているので、ウンシュウミカンの浮き皮である。浮き皮は、栽培管理面では、着果過多や窒素肥料の遅効きなどで発生しやすく、気象条件では秋季以降の高温多湿（多雨）条件で発生が多くなる。へたすき果はカキ、縮果病はブドウの生理障害である。

28　解答▶②　★★

強せん定や窒素肥料の多用、摘果による着果量の制限などは、木の成長を栄養成長に傾ける。これに対して、弱せん定や着果過多、土壌の乾燥などは栄養成長を弱くする。強せん定とは、多くの枝を切ることであり、枝の数・量が減れば、１つの芽に対する根からの養分の分配等が多くなり、強い枝（新梢）が出る。また、土壌が過湿だと根が弱り生育が悪くなるが、乾燥の場合は水分と共に肥料も根が吸収できないため、生育が抑制・低下する。

29　解答▶①　★

Ａはキウイフルーツ、Ｂはカンキツ（ミカン）、Ｃはカキの花である。なお、Ａはキウイフルーツの雌花（雌雄異株）、Ｃはカキの雌花（雌雄同株）である。カンキツは１つの花の中に雌しべと雄しべがある。

30　解答▶③　★

果樹でいう他家（たか）とは他の品種の意味で、不和合（ふわごう）とは仲が悪く結実しないという意味である。即ち、他家不和合性とは、花器が完全（正常な雌しべと雄しべがある）であっても、特定の他品種の花粉を受粉しても結実しない性質のことをいう（ニホンナシの一部品種、幸水と新水の組み合わせなど。また甘味オウトウ、ウメの一部品種でも見られる）。自家不和合性とは、同一品種の花粉を受粉しても受精せず、種子ができない性質のことで、多くの場合結実しない（リンゴ、ナシ、甘味オウトウ、ウメなどの大多数の品種が該当する）。

31　解答▶⑤　★★

写真はリンゴの花と果実である。リンゴと同様に花器中の花床（花たく）が肥大する果実はナシである。スモモ、モモ、オウトウ、ウメは子房壁が発達して果実となるので、真果（しんか）と言われている。一般的に子房は雌しべの下部が丸く膨らんだ部分で、中心には種子となる部分がある。花床は、子房よりさらに下の部分である。リンゴとナシはひじょうに近い種である。また、①～④は全て果実の中に堅い大きな核（中に種子がある）があり、同じ仲間の核果類である。

32　解答▶③　★

オウトウは自家不和合性の品種がほとんどである。開花期が低温になると訪花昆虫の活動が鈍くなるため、毛バタキ等を用いて人工受粉を行い、結実確保を図っている。同じように人工受粉をするナシは棚栽培で樹高が低いため、筆やぼん天等で直接受粉ができるが、オウトウやわい化仕立て以外のリンゴは樹高が高いため、写真のような方法やマメコバチ等の訪花昆虫を利用することが多い。

33　解答▶②　★★

写真は、カラタチであり、主にカンキツ類の台木として利用されている。カラタチは台木として養成しやすいばかりでなく、寒さや土壌病害虫にも強いうえ、通常より短い年数で実を付けるなどのメリットがある。カラタチはカンキツ類であり、ユズに勝る大変大きなトゲが特徴で、果実には多数の種子があり、可食部分は少なく、味も苦いため食用には適さず、野生に近いものである。

34　解答▶①　★

樹どうしを接ぎ木する「樹体ジョイント仕立て」は、ニホンナシ「幸水」において栽培技術が確立し、その他の樹種への拡大に向けて、実用化研究が進められている。初期コストや側枝更新等いくつかの課題は残っているが、早期成園化と大幅な省力・軽労化が図れるため、多くの樹種での活用が期待されている。

作成は直線状に上に伸ばした大苗を棚の高さ（約180cm 程度）で曲げ、充実した付近まで切り戻した先端を次の苗の折り曲げた部分に接ぎ、それを連続して行う。写真の樹は１本につながっているが、この方法は神奈川県が開発し、特許を持っているため、ナシ・ウメで実施する場合には、「実施の許諾に関する契約」が必要である。他の果樹については特に規制がないため、多くの果樹で実施が広がっている最新の仕立て方である。

35　解答▶⑤　★★

写真はべと病である。葉では裏面に雪白色のかびが密生し、古くなると枯れる。欧州系品種に発病しやすい。発病すると完全防除が困難であるため、発病部は除去・焼却する。同じように白いカビが発生するものに「うどんこ病」がある。①はリンゴ、②はカンキツ、③モモ・オウトウ等、④はナシ・リンゴの病気である。

36　解答▶④　★

写真は果実が食害され、果実から虫糞やヤニが出ており、シンクイムシ類の幼果や新梢への被害である。シンクイムシ類には、モモシンクイガ、モモノゴマダラメイガ、ナシヒメシンクイガなどがあり、蛾（が）の幼虫が食入する。①②③は食害性害虫でなく、吸汁性害虫のため、虫糞は出ない。新梢の先端の芯枯れの多くは、シンクイムシが原因のことが多い。⑤の幼虫は幹を食害し、大きな丸い穴があくが、果実に入ることはない。

37　解答▶③　★

写真は③赤星病の発病を示す。赤星病は春にビャクシン類から飛んできた胞子に感染すると、黄色の小さな斑点ができる。それが大きくなると色が濃く赤褐色となり、梅雨時には厚く盛り上がる。初夏の頃に葉裏の感染部分から写真のような白い毛のようなものができ、そこから胞子を放出し、胞子はビャクシン類に飛んでいく。この突起状のものが赤星病の最大の特長である。赤星病の中間宿主のビャクシン類は、葉に感染、潜伏し、胞子は1 km以上も飛散して伝染する。この中間宿主がないと赤星病は生きていけないため、ナシの産地ではビャクシン類の栽培を禁止する市町村もある。黒とう病はブドウ、黒星病はリンゴ・ナシ、縮葉病はモモ、黒点病はカンキツの病害である。(ビャクシン類はヒノキ科の針葉樹で、庭木のカイズカイブキなどがある)。

38　解答▶③　★

近年、欧州種のように品種が良く、緑色で皮ごと食べることができ、消費者からの人気が高く、病気に強くて栽培しやすい「シャインマスカット」品種が急増している。長野県での栽培が最も多いが、全国的にも急速に栽培が増加している注目の品種である。Bの栽培面積のグラフは、シャインマスカットが多いから長野県が2位でなく、元々ブドウの収穫量の多い県の順であるため、ブドウ品種が分からなくても正解は③となる。

39　解答▶①　★

GAP（Good Agricultural Practice）良好な農業生産工程管理の国際基準であり、日本では団体JGAP（JはJapan）が審査・認証する。②はポジティブリスト制度、③は化学的防除、④は総合的病害虫管理システム（IPM）、⑤が栽培的防除（耕種的防除）の説明である。

40　解答▶②　★★

苗木は地下部（根）とのバランスや利用目的（樹形等）に合わせて、切り返してから植える。また未完熟有機物はモンパ病が発生しやすいため、完熟有機物を利用する。窒素は多すぎると徒長し茎葉が軟弱となり、病害虫に弱い体質となる。また、接ぎ木部分まで土中に埋めると、穂木から発根し接ぎ木の効果が失われてしまう。

これらのことは、カンキツ苗木だけでなく、他の果樹の植付けにおいても同様である。他に注意することとして、石灰質肥料や微量要素を含んだ溶性リン肥を掘り返した土壌に混入する、傷んだ根は切り戻す、根と土を密着させる、根の消毒、株元付近を野ネズミ等にかじられない対策等がある。

41　解答▶⑤　★★

同一園で果樹を連作すると、樹体の生育が劣り、生産量が低下する。このような現象を連作障害（忌地(いやち)）という。原因は、土壌中に残された前作の根が枯死・腐敗する過程でできる有害物質と、前作の根に寄生していたセンチュウや紋羽(もんぱ)病菌が土壌中に残っていて再寄生し被害が発生する場合がある。モモは樹齢(経済)が短く、しかも連作障害（忌地(いやち)）が発生しやすい。そのため、モモは改植が難しい果樹である。改植は難しいが、実施する場合は、古い根を取り除く、土壌消毒をする、完熟良質の堆肥等を入れる、全く新しい土を持ち込む（客土（きゃくど））等を行う。

42　解答▶①　★

ブドウの細胞分裂停止は開花後7〜12日と非常に早いため、第1回目のジベレリン処理後、粒の良否が判別できるようになりしだい、できるだけ早く実施した方が大粒となる。粒数が多かったり、摘粒が遅れると、肥大や品質（着色）が悪くなったりする。

巨峰等でジベレリン処理（無核処理）をしなかった時代は、着粒が安定（種ありの有無の判別）してから摘粒を実施していたが、ジベレリン処理栽培では種は関係ないため、出来るだけ早く実施した方がよい。④摘粒が遅れ、内側に粒が多いと粒が破裂したり、軸が剥がれたりすることもある。⑤多くの粒や大きな房は、見かけは良いが、着色や糖の上昇が悪くなるため、適度の粒数・房の大きさにすることが望ましい。

43　解答▶①　★

収穫後に果実の温度が高いと、呼吸と蒸散が盛んで、新鮮さが失われ、品質・保存性の低下があるため、収穫後一時的に冷やすことが予冷である。また、果実温が高い状態で冷蔵すると水滴が果実表面にでき、品質低下の原因となるので、それを防ぐために少し冷やすのも予冷の効果である。収穫は、果実温の高い時間帯より、気温の低い早朝等が望ましい。②と⑤であるが、家庭用は別として果実を「冷凍」することはない。③クリなどでは1〜3か月単位で冷やすと糖分が向上するが、急速に向上することはなく、予冷ではない。

44　解答▶④　★

せん定は、（ブドウの短梢せん定などを除き）園地の受光態勢、作業性を考慮しながら、新梢の発生状況や花芽の状態などをよく観察し、④のように状況に応じて行う。せん定は、高品質な果実を毎年安定生産できるようにするための重要な管理であり、単に樹を切って形（樹姿）を整えるのではなく、樹の状態を診断し、樹液の流れを調節して適正樹相へ誘導し、良い花芽をつくるのが第一の目的である。①は間引きせん定、②は切り返しせん定、③は強せん定の説明。せん定の目的として、樹全体に光が当たるようにする、隔年結果を防止して毎年良質の果実を収穫する、風通しを良くして病害虫を少なくする、作業が容易な形にする等がある。

45　解答▶③　★

マメコバチ（ツツハナバチ）は、リンゴやオウトウの受粉のため、訪花昆虫として利用されている。巣箱にヨシ等の筒状のものを設置し、営巣させ、春になると繭から出て活動する。④と⑤は毒を持つ危険な蜂である。①ミツバチ②マルハナバチはマメコバチとよく似ており、販売され、受粉に利用されているが、巣は筒ではない。

46　解答▶③　★

モモの花のめしべの構造は、花粉を付着させる柱頭、その下は細長い花柱、下部は膨らんで子房になっている。子房の中に胚珠という種子になる部分を包み込んでいる。モモの花は花床の中に子房がある構造ではなく、子房が直接目にできるもので、可食部分は、この子房が肥大した「真果（しんか）」である。この花と同じ構造のものに、ウンシュウミカン、カキなどがある。

47　解答▶③　★

ビターピットはリンゴの生理障害、核割れはモモ、浮き皮はカンキツ類、ユズ肌はナシの生理障害である。ブドウに見られる他の生理障害として、花は咲くが結実しない「花ぶるい」、春に樹から芽が出てこない「ねむり病」、果実内の水分過剰により細胞が壊れ、黒くへこむ「縮果病」、果房がエビ状に曲がるなどの「ホウ素欠乏症」等がある。

48　解答▶①　★★

ブルーベリーは挿し木による発根が容易なため、挿し木繁殖をする場合が多い。他に発根容易な果樹として、ブドウ、キウイフルーツ、イチジク、ラズベリー、パッションフルーツなどがある。また、挿し木繁殖はブドウやリンゴ等の台木養成などにも利用されている。

49　解答▶③　★

Aは全体の主穂（Aを除いた部分）に対して副穂であり、枝分れしていることから、岐肩と言われている。「柄」は「へい」と読んでいるが、クワの柄など、「エ」とも読み、持ち手など、何々を支えるものとの意味もある。写真の全体を花穂（かすい）＝花房（かぼう）という。Aの岐肩と右の主穂を出している中心軸は①の穂柄である。②の穂軸は主穂や副穂の中心軸である。また、④の支柄は花粒（果粒）の塊の軸である。⑤はこの写真とは関係ないが、葉を出している元の部分である。

50　解答▶③　★★

ウンシュウミカンの作業で最も多く労働時間がかかるのは収穫・調整作業である。また摘果作業にもかなりの労力を要する。このグラフは和歌山県、愛媛県、静岡県の３県平均のデータであり、10a当たりの労働時間は236時間である。最も多い収穫・調整作業31％は約73時間となっている。

選択科目［畜産］

11　解答▶②　★

胚を卵殻膜にゆ着させないために行うもので、ふ卵器では１日10回程度自動で行う。

12　解答▶⑤　★

採卵鶏の飼育適温範囲は15～27℃程度である。なお照明は日長14時間程度。

13　解答▶④　★★

ハウユニットは卵白の高さを卵重で補正したものであり、卵の鮮度の判定に使う。

14　解答▶④　★★

ヘンハウス産卵率＝期間内産卵数／（入舎羽数×期間）×100で求めることができる。2900/30 × 100 = 97%。

産卵率には、「ヘンデイ産卵率」と「ヘンハウス産卵率」がある。ヘンデイ産卵率は、「期間内の総産卵個数を期間内の延べ稼働羽数で割って100を掛けた数字」で、稼働している鶏の生産能力を表す。ヘンハウス産卵率は、期間内の総産卵個数を成鶏舎導入時の羽数で割った数字（＝ヘンハウス産卵数）で表す。

15　解答▶④　★★★

病原体は原虫で、腸管に寄生するため血便、貧血を起こし放置すれば死亡率が高い。増殖した病原体は糞便中に排出されるため、鶏が糞と接触する平飼い飼育や直立ケージ飼育で発生しやすい。ヒナと若い鶏で特に梅雨時期など高湿度の時期に注意が必要である。予防は、生ワクチンがあり、発生しやすい時期に予防剤を投与するのも有効である。治療はサルファ剤が有効であるが、投与後に生産物の出荷ができない使用制限期間に注意する必要がある。

16　解答▶④　★★★

採卵鶏用の飼料原料で最も多いのはトウモロコシであるが、主に炭水化物の供給源とされる。近年、飼料原料の自給率向上のため、栄養成分が似ている飼料用米をトウモロコシの一部代替えとして利用するようになっている。飼料用米はトウモロコシに含まれる色素のキサントフィルを含まないので、多用すると卵黄色が薄くなる。魚粉はタンパク質含量が多くCP45%～65%の５段階の公定規格があり、アミノ酸組成が優れる良質なタンパク質原料である。

17　解答▶③　★★★

①ワクチンの種類には、生ワクチンと不活性化ワクチンがある。②鶏白血病にはワクチンはない。③ワクチンの接種方法には、飲水、点眼、点鼻、穿（せん）刺、噴霧の他筋肉内注射や皮下注射がある。④数種類の混合ワクチンも販売されている。⑤ワクチネーションプログラムは０日令の投与から始まり、ひなのうちに多くのワクチンを施すようになっている。

18　解答▶①　★

ノンリターン法は交配後21日経って発情がなければ妊娠と判断するもの。

19　解答▶⑤　★★★

雌豚の繁殖供用開始は生後８～９か月齢、体重120～130kgくらいである。雄の供用は生後８～９か月齢。

20　解答▶②　★

飼料要求率とは１kgの増体生産に必要な飼料量である。飼料要求率＝飼料摂取量÷生産量。（19.6－1.6）/6＝3.0

21　解答▶④　★★★

家畜伝染病予防法に定められてい

る家畜伝染病を法定伝染病と呼ぶ。法定伝染病には豚コレラ、口蹄疫、流行性脳炎など28の伝染性疾患が定められている。

22　解答▶④　★★

①おおむね5年ごとに改定され、家畜（牛、ブタ、馬、めん羊、山羊）の能力、体型及び頭数に関する10年後の目標を定めることとされている。②牛、豚、馬、めん羊、山羊で、鶏は含まれない。③現状と同程度の脂肪交雑が入る種畜の作出を推進するものとされている。⑤現状と同程度の水準を維持するものとされている。

23　解答▶④　★★

PSE発生の要因としてリアノジンレセプター遺伝子の変異が知られている。肉色が淡く、軟らかでしまりがなく、保水性の悪い豚肉のことである。②軟脂豚の説明。③黄豚の説明。⑤常染色体上にあるストレス感受性に関する劣性遺伝子が原因で発生する。

24　解答▶③　★★

①日本食肉格付協会により実施されている。②等級は極上、上、中、並、等外の5段階である。④すべての豚肉が格付されているわけではない。⑤全国共通の基準によって実施されている。

25　解答▶①　★★

開放直線型撹拌乾燥ハウスは、水分蒸発による発酵開始が主目的であるが、撹拌による通気により発酵分解も行われる。原料が牛糞の場合などは完熟までに3ヶ月以上の期間が必要とされるが、それほどの長期間糞を滞留させることはできない。

26　解答▶②　★

①可消化エネルギー（DE）、②可消化養分総量（TDN）、③代謝エネルギー（ME）、④正味エネルギー（NE）、⑤総摂取エネルギー（GE）である。

27　解答▶③　★★

水質汚濁防止法では、化学的な数値に基づいて公共水域への放出が規制されている。水の汚濁状況を示す生活環境項目としては、pH、水素イオン濃度、BOD（Biochemical Oxygen Demand 生物化学的酸素要求量）、COD（化学的酸素要求量）、SS（浮遊物質量）、窒素含有量、燐（リン）含有量、大腸菌群数などがある。

28　解答▶①　★★

写真の器具は豚の精液採取用器具で、精液採取瓶と精液採取用保温器である。

29　解答▶⑤　★★★

それぞれの遺伝率は①0.34、②0.20、③0.424、④0.19、⑤0.484である。

30　解答▶④　★★★

第1胃の容量は150～200ℓである。

31　解答▶③　★

卵黄には乳化性があり、この性質を利用してマヨネーズが製造される。マヨネーズの主原料は卵黄、食酢、サラダ油である。

32　解答▶①　★★

①だ液には重曹が含まれており第1胃を中和する。②③第1胃には消化酵素は無く、微生物が分泌する酵素により発酵させる、飼料中のデンプン、糖類、セルロースなどの炭水化物は揮発性脂肪酸にまで分解される。④第4胃では栄養分を吸収する。

33　解答▶④　★★

①生後すぐに両耳に装着する。②除角は生後1週間から3か月齢で行う。③初乳にはγ―グロブリンの免疫物質が含まれている。⑤早期に母

子分離して離乳を行うことで反すう胃が早期に発達しやすい。

34　解答▶⑤　★

PLテストとは、乳汁1～2 mLを適量な容器（ペトリ皿等）にとり、これに等量の本試液を加え、前後左右に傾斜混合し、体細胞数を凝集の程度、pHを色調により観察し、判定するもの。

35　解答▶②　★★

写真はモアコンディショナであり、牧草等の刈り取り及び刈り取った牧草の調整も行う機械である。

36　解答▶④　★

卵巣内には卵胞が多く存在し、成熟した卵胞が破裂し排卵が起きる。受精は卵管上部（膨大部）で行われ、受精卵は子宮内に入り着床し発育する。

37　解答▶①　★★★

反すう胃は第1胃、第2胃のことを指し、微生物等のはたらきで繊維質から養分吸収・消化を行う。Cは第3胃、Dは第4胃である。

38　解答▶②　★★

カンテツ症は，牛やめん羊の肝臓に寄生する肝蛭（カンテツ）によって起こる寄生虫病。糞とともに排出された虫卵は，ヒメモノアラガイ（貝の一種）を介して感染子虫となり水辺の草などに付着する。

39　解答▶①　★★★

乳熱は分娩後に乳へのカルシウムの移行や腸管からのカルシウム吸収低下などにより、血中カルシウム濃度が低下するために起こり、乾乳期にカルシウム摂取量を減少させることが重要である。3産以上のウシに起こりやすい。

40　解答▶③　★★★

直腸腟法にて人工授精を行う際、凍結精液の注入部位は子宮体あるいは子宮角基部である。

41　解答▶①　★★

分離給与は濃厚飼料と粗飼料を分けて給与するため、乳牛が先に濃厚飼料を食べてしまう欠点がある。一方で、設備投資が少なく、個体管理が可能などの利点もある。TMR給与では選び食いがなくなるため、第1胃の機能を正常に保つことができ、飼料設計の精密化や省力化などの利点があるが、初期投資が大きく、1種類のTMRのみでは栄養のアンバランスが生じることもある。放牧では舎飼いよりも多くのエネルギーを必要とするため補助飼料（濃厚飼料や穀類、乾草）を合理的に給与する必要がある。

42　解答▶④　★★★

アの筋肉部位は僧帽筋である。

43　解答▶④　★★

牛乳の成分規格や表示は、「食品衛生法に基づく乳等省令」や「飲用乳の表示に関する公正競争規約」で規定されている。①②③は生乳の使用割合が100%。⑤は生乳と乳製品のみでできている。④は生乳と乳製品以外のものを使用し、カルシウムや鉄などのミネラルやビタミンを加えた栄養強化タイプ、コーヒーや果汁などを加えた嗜好タイプ、乳糖を酵素で分解した乳糖分解タイプがある。

44　解答▶③　★★★

ウシの体型測定部位において、体長は肩端（C）と坐骨端（F）を結んだ直線で示される。Aは頭頂、Bは鼻端、Dはき甲、Eは飛節を示す。体長には水平体長と斜体長があるが、一般的には水平体長を使う。

45　解答▶③　★★★

肥育牛の三大死亡原因は肺炎・心不全・鼓脹症である。鼓脹症とは、第一胃内にガスが膨満し反芻停止、呼吸困難を起こすもの。

46 解答▶③ ★

ウシの人工授精技術は広く普及しており、写真の器具に精液ストロー等を取り付けて子宮頸管を通して、子宮体に精液を注入する。

47 解答▶③ ★

カーフハッチとは、出生直後から2～3ヶ月齢までの子牛を屋外で1頭ずつ収容・飼育するための小屋状の施設。木（主にベニヤ）製またはプラスチック（主にFRP）製で、前方には運動できる小さな囲いを付設する。床は、敷料を十分敷いて保温につとめる。ハッチ内には、飼槽、給水器、草架などを取り付ける。

48 解答▶① ★

乳牛は反すう時に大量の唾液を分泌し、その中に含まれる重炭酸ナトリウムのはたらきによって、第1胃内のpHを弱酸性に保ち微生物に好適な環境を維持している。しかし、分娩直後の乳牛に濃厚飼料を急に多給すると第1胃内でプロピオン酸が急激に産生され、pHが酸性になりルーメンアシドーシスを発症する。乳熱は分娩後2～3日に発症しやすく、血液中のカルシウムが急に減少するために起きる。ケトーシスも分娩後に多く、体内の糖の代謝が混乱するため起きる病気である。

49 解答▶⑤ ★★★

プロゲステロンは黄体ホルモンで主に黄体から、また動物種によっては胎盤からも分泌される。主な生理作用として、受精卵着床の準備、子宮運動の抑制、子宮頸管の緊縮、妊娠維持、乳腺ろ胞系の発育、性腺刺激ホルモンの分泌調整などがある。

50 解答▶⑤ ★★

液体窒素の温度は、－196℃である。

選択科目［食品］

11 解答▶⑤ ★★★

食品安全基本法は、科学技術の発展、国際化の進展その他の国民の食生活を取り巻く環境の変化に的確に対応することの緊急性にかんがみ、食品の安全性の確保に関し、基本理念を定め、並びに国、地方公共団体及び食品関連事業者の責務並びに消費者の役割を明らかにするとともに、施策の策定に係る基本的な方針を定めることにより、食品の安全性の確保に関する施策を総合的に推進することを目的とする。

12 解答▶③ ★★★

①は欠乏症として脚気や疲れ。②は口角炎、発育障害、口唇炎。④は夜盲症、発育障害、皮膚の角質化。⑤は溶血性貧血。ビタミンは栄養素の代謝を助け、からだの働きを正常に保つので、微量でよいが常に必要である。ビタミンには、水溶性のものと脂溶性のものがある。

13 解答▶⑤ ★

⑤のビタミンである。いも類・野菜類・果実類に多く含まれている水溶性のビタミンCや緑黄色野菜や卵黄・レバーに多い脂溶性のビタミンAなどがある。加工貯蔵する上で、損失を少しでも抑える必要がある。

14 解答▶④ ★

④のペクチンは、植物の細胞壁の構成成分として、セルロース等他の成分と結合して、植物細胞をつなぎ合わせる働きをしている天然の多糖類。①の寒天は海藻に含まれる多糖類。②の砂糖・③のクエン酸・④のペクチンは、ゼリー化の3要素だが、果実の細胞を接着している成分は、ペクチンである。⑤のゼラチンはタンパク質。

15 解答▶② ★★

ピーナッツ（乾・大粒種）の成分は、多い順に脂質（47.5%）、タンパク質（25.4%）、炭水化物（18.8%）、灰分（2.3%）、ビタミン（微量）となる。

原料落花生は、水分9％程度までに乾燥したむき実の落花生で、主に加工原料用として流通している。

16 解答▶② ★

①は食品安全基本法、②は食品衛生法で食品衛生行政のよりどころとなる法律で、食中毒などの食品に起因する衛生上の危害の防止および公衆衛生の向上・増進を目的としている。③は食品衛生法、栄養改善法、薬事法、④は景品表示法、⑤は食育基本法である。

17 解答▶⑤ ★★

牛の生肉・レバ刺し・ハンバーガーなどが、原因食品とした事例がある。

加工・調理時の手指や機器・器具の洗浄・消毒、保管時の温度管理などをしっかり行う必要がある。主な症状に血便など出血性大腸炎になるのは、⑤のみ。③のボツリヌス菌・④の黄色ブドウ球菌は、毒素型食中毒。

18 解答▶④ ★★★

ソラニンは、未成熟のジャガイモやジャガイモの芽、緑化した皮に含まれている。①のシガテラ毒は、アオブダイなどの魚の毒。②のアミグダリンは､青梅に含まれる有毒物質。③のムスカリン系毒は、ベニテングダケに含まれる有毒物質。⑤のマイコトキシンは、カビ毒。

19 解答▶② ★

食品による危害に寄生虫症がある。魚介類や野菜を生食することの多い日本では寄生虫卵に汚染された野菜・魚介類・食肉などの摂取による感染の機会が多い。トキソプラズマ、回虫、アニサキス、吸虫類、条虫類などの寄生虫が知られている。回虫は野菜の生食を感染経路とし、最終宿主は人となる。アニサキスはイカ・サバなどの生食を感染経路とし、最終宿主は人・イルカ・クジラなど。サナダムシはマス・サケの生食を感染経路とし、最終宿主は人となる。無鉤条虫は牛肉の生食を感染経路とし、最終宿主は人となる。肺吸虫はサワガニ・ザリガニの生食を感染経路とし、最終宿主は人・犬・豚となる。

20 解答▶⑤ ★★★

中種法でパンを作ると、所要時間が長く作業工程が複雑であるが、発酵時間や温度による影響を受けず、きめが細かく柔らかい食感になる。そこで中種法の特徴をまとめると①の製造時間は長い。②･④の特徴は、ふわふわ感が持続して、香りと風味が豊か。③の規模は、店舗での製造よりも大量生産向きである。

21 解答▶③ ★★

③のスポンジケーキは、鶏卵のすぐれた起泡性を利用して、小麦粉生地をスポンジ状に焼き上げた菓子で、小麦粉・砂糖・鶏卵を主原料として、三同割（1：1：1）でつくられる。①や②のビスケットは、小麦粉が主で次に砂糖と続く。④･⑤は、油脂類が追加され、重要な主原料となる。

22 解答▶④ ★

デュラム粉は、スパゲティやマカロニ用に使用され、柔軟で弾力性の強いグルテンを豊富に含むため、シコシコとした食感のコシの強いパスタ等になる。①の食パンは強力粉、②のビスケット、③のスポンジケーキは薄力粉、④のうどんは中力粉が主な原料となる。

23　解答▶①　★

食塩は、小麦粉に含まれるグルテンの結合を引き締める働きがあり、弾力や粘りを引き出す。②の生地の発酵は、促進ではなく抑制する。③の生地の状態は、乾燥しやすくではなく､しにくくする。④の加塩量は、夏では生地が柔らかくなりやすいので多く、冬は少なくする。⑤酵素の働きは、抑制され、生地熟成中の変化を少なくする。

24　解答▶④　★★

みそは使用する麹の原料によって異なる。米麹を使用したみそは米みそ、麦麹を使用したみそは麦みそ、豆麹を使用したみそは豆みそという。麦みその原料の麦麹は粉ではできないので、粒状で精白できる大麦あるいは裸麦を使用する。

25　解答▶①　★

小麦粉の加工に重要なのはタンパク質とデンプンの性質である。小麦粉に水を加えて練ると、⑤のグルテニンと③のグリアジンという２種類のタンパク質が複雑に作用して①のグルテンを形成する。グルテンは粘弾性を持ち、パン生地の骨格となる成分である。④のアミロースと②のアミロペクチンはデンプンの成分で、アミロースはブドウ糖が直鎖状につながり、粘りが少ない。アミロペクチンはブドウ糖鎖のところどころにブドウ糖が枝状についた多糖で、粘りが強い。

26　解答▶③　★

③のビーフンは、中国語名「米粉」で、伝統的に米の粉のみから作られるもの。近年、米以外のデンプンも原材料の一部として使う。①のはるさめの原料は、豆類。②のきしめんの原料は、小麦。④のピータンの原料は､アヒルの卵。豆板醤の原料は、豆類である。

27　解答▶④　★

あんは小豆・白小豆などの豆を砂糖とともに煮詰めた食品であり、和菓子において重要な役割を果たしている。あん練りは豆を煮沸して細胞膜を熱凝固し、中のデンプン粒子をα化し、一般デンプン粒子よりも大きなあん粒子をつくる。あん粒子は滑らかで、特有の風味を持つが、非常にβ化が早い。そのためα化したあん粒子を保水性の高い砂糖でおおって浸透させ、β化を遅らせ、くずれにくい粒子にする。

28　解答▶③　★

①は種子の発芽に伴って有害成分が消失し、ビタミンＣも増加する。②は炒る、煮ることで、組織を軟化する。青ぐさみが消え、有害成分も不活性化させる。③はすりつぶして消化しにくい種皮を除去し、消化をよくする。④は消化や口当たりをよくする目的で、湯に溶出させた栄養素を利用する。⑤は微生物の作用により、特色ある食味や栄養成分が付加され、消化率も向上する。

29　解答▶②　★★

カリフラワーに含まれる②のフラボノイド色素は､アルカリ性で黄色､酸性で白色を呈する。そのため、ゆで汁に食酢を入れると酸性になるため白色のままゆであがる。中華麺が黄色いのも、小麦粉のフラボノイド色素が、かん水に反応しているためである。

30　解答▶④　★★★

桃のネクターは、はく皮した果肉を加熱処理して軟化させ、裏ごししたピューレーを調整したものである。①の果実を果皮がついたまま搾汁するのは､主にミカンジュース類。②のビタミンＣを添加するのは、主にリンゴジュース。③の皮ごと加熱して色出しするのは、ブドウジュース。⑤のシラップを注入するのは、ミカンやモモの缶詰類。

31　解答▶④　★★

リンゴジュース原料のリンゴを選果・洗浄、破砕・搾汁、ふるい分け、脱気した状態では混濁ジュースとなっている。透明ジュースは混濁ジュースに含まれるペクチンを④のペクチン分解酵素で分解して清澄化し、不溶物をろ過して除去し、製品化する。

32　解答▶②　★★★

干し柿の製造において、酵素による褐変を防ぎ、色をきれいに仕上げるため、くん蒸室1㎥あたり10～15gの硫黄を燃やし、10～15分間くん蒸する。硫黄が燃えて発生する亜硫酸ガスの殺菌・漂白作用を利用する。①③⑤はカキの脱渋法である。④は干しブドウを作る時に行い、乾燥を早めるためのソーダディッピングである。

33　解答▶⑤　★★★

肉加工に使用するケーシングには、牛・豚・羊などの腸を利用する天然ケーシングと木材パルプや石油を原料としてつくられる人工ケーシングがある。⑤の紙と再生セルロースの複合素材でつくられており、くん煙できるが食べることはできないのがファイブラスケーシングである。

34　解答▶⑤　★

⑤のベーコンは、ばら肉を整形・塩漬後、長時間くん煙したもの。①の骨付きハムは、もも肉を骨付きのまま塩漬し処理したもの。②のボンレスハムは、もも肉から骨を抜いて処理したもの。③のロースハムは、ロース肉を処理したもの。④のラックスハムは、肩肉・もも肉などを整形・塩漬・くん煙したもの。

35　解答▶⑤　★★

肉類の発色剤は、主に硝酸カリウムと⑤の亜硝酸ナトリウムが用いられる。使用対象食品は、主にハム・ソーセージなどの食肉製品で、動物性食品中に含まれる赤血球の色素（ヘモグロビン）や筋肉細胞の色素（ミオグロビン）と結合して、加熱しても安定した赤色を呈する。ただし、生鮮食肉や鮮魚介類に使用することは禁止。

36　解答▶②　★

①の脱脂乳は生乳から乳脂肪分を除去したもの。③の牛乳は生乳を加熱殺菌したもの。④の特別牛乳は特別牛乳さく取処理業の許可を受けた施設で搾乳した牛乳。⑤の乳飲料は、牛乳を原料として製造した食品をいう。

37　解答▶⑤　★★

受乳検査では比重・アルコール試験・酸度・脂肪含有率・細菌数などを検査する。清浄化では牛乳中のほこりや異物を遠心分離によって除く。余熱工程ではチューブラーヒーターを通し、牛乳の脂肪球が裂かれやすくなる50～60℃にする。均質化工程ではホモジナイザーで脂肪球を細かく砕き、均質な分布状態にする。冷却工程では熱による品質低下を防ぐため、プレートクーラーを通して牛乳の温度を急激に下げる。

38　解答▶①　★★★

①の水酸化ナトリウムは、酸度の測定に用いる。②のイソアミルアルコール・③の硫酸は、脂肪の測定に用いる。④のレサズリンは、牛乳の新鮮度の測定に用いる。⑤のエチルアルコールは、主に牛乳のアルコール試験に用いる。

39　解答▶③　★★

牛乳の③の比重は、牛乳比重計と牛乳比重換算表を利用して、15℃の時の牛乳比重を求める。牛乳の比重は、脂肪の含有量によって変化し、比重が小さいと脂肪量が多く、比重が大きいと脂肪以外の無脂乳固形分が多くなる。

40　解答▶③　★★★

チーズをつくる際、原料乳を低温殺菌後、乳酸菌スターターを加え乳酸発酵させ、レンネットを添加する。かくはん・放置後、乳タンパク質がかたまり、カードとホエーに分離する。カード形成後、③のカードナイフで切断すると表面積が増加しホエーが放出され、カード粒となって沈殿する。

41　解答▶①　★

①のPenicillium camembertiは、カマンベールチーズの製造に用いられる。②のPenicillium chrysogenumは、ペニシリン製造に関わるかび。③のAspergillus oryzaeは、こうじかび。④のAspergillus nigerは、黒こうじかび。⑤のAspergillus glaucusは、かつお節に関わるかびである。

42　解答▶④　★★★

①・⑤は酵母。②・③は、かびを用いてつくる。細菌を用いてつくる食品は、塩辛、納豆、くさや、乳酸菌飲料、チーズ類、みそ、しょうゆなどがあげられ、乳酸菌・納豆菌・酢酸菌などである。

43　解答▶③　★★★

粉乳は牛乳や脱脂乳などの原料を成分調整し、殺菌・濃縮したあと、噴霧乾燥によってその水分を殆ど除き、粉状にしたものである。全粉乳、脱脂粉乳、乳児用調整粉乳、コーヒーホワイトナーなどがある。粉乳は水分が少ないため微生物が増殖しにくく、保存性が高い食品である。

44　解答▶③　★★

カラザは卵白に含まれ、卵黄を卵の中心に固定して卵黄を守っている。①の主成分が炭酸カルシウムなのは卵殻。②の微生物から卵黄を守ったり、④の起泡性があるのは卵白。⑤の乳化性があるのは卵黄。

45　解答▶④　★★★

麹菌の胞子が発芽・生育し、米粒が光沢を失った状態が「うるみ」、米の表面に菌糸が伸びた状態が「はぜ回り」、菌糸が米粒の内部まで生育している状態が「はぜ込み」である。

46　解答▶⑤　★★★

４～５％の酢酸を含む調味料の食酢は酢酸菌（Acetobacter aceti）により、エタノールを酸化して作られる。エタノールは酵母のアルコール発酵により得られ、アルコール発酵と酢酸発酵は密接な関係にある。

47　解答▶②　★

「除こう」や「おり引き」などの特徴的な工程や果汁などの語句からワインとなる。ブドウの「除こう」から、①の米や③の大麦を原料とするものは除かれる。「蒸留」工程がないので、④の焼酎や⑤のウイスキーは、除かれる。

48　解答▶③　★

①は黒砂糖。②はかえで糖。③は和三盆糖、④はくるま糖（上白糖・中白糖・三温糖）。⑤はざらめ糖、(白ざら糖、中ざら糖、グラニュー糖）である。①・②は含みつ糖、③・④・⑤は分みつ糖である。

49　解答▶③　★

食品の乾燥には自然乾燥法と人工乾燥法がある。①の干しブドウ・干しガキは自然乾燥法によって製造される。人工乾燥法には加圧加熱・常圧・減圧乾燥があり、常圧乾燥には噴霧乾燥・熱風乾燥・被膜乾燥があり、減圧乾燥には真空乾燥・凍結乾燥・フライ乾燥がある。③の粉乳・粉末果汁は噴霧乾燥、②のポップコーン・ライスパフは加圧加熱乾燥、④の乾燥マッシュポテト・α化デンプンは被膜乾燥、⑤のスナック類はフライ乾燥、⑤の粉末みそは真空乾燥が用いられている。

50　解答▶②　★

缶詰は、缶のふたの縁と缶胴の上部を②の機器で巻いて締める。ふたの縁も缶胴の縁もフック状になっており、２つのフックを相互に巻き込んで締め付けることで密封される。(二重巻き締め法)　①の王冠打栓機はビンのふたの取り付け。③のくん煙機は食品のくん煙。④のらいかい機は練り製品の製造。⑤の凍結乾燥機は乾燥食品の製造に用いられる。

2019年度 第2回 日本農業技術検定2級　解説

（難易度）★：やさしい、★★：ふつう、★★★：やや難

共通問題［農業一般］

1　解答▶①　★★

米穀の流通構造を見ると、大手の食品小売業者が卸売機能を内製化し生産者側と直接契約し、生産者を束ねる集出荷業者と直接取引を行う形態が主流となっている。卸売業者は、主に外食業者や地元小売業者への流通を担っている。

2　解答▶⑤　★★

フードバンクは1967年にアメリカで誕生し、日本では2000年以降活動を開始している。フードバンク活動は、「食品ロスの問題」「貧困問題」への認識が十分に浸透していないこともあり、また、食品の衛生的な取扱いやトレーサビリティの観点から活動を行う団体側の体制を懸念する声があり、食品関連事業者等が安心して食品の提供を行える環境が十分に整っていないことが課題となっている。

3　解答▶③　★

日本ではBSE問題から2001年に牛肉に、事故米穀問題から2008年にコメ・米加工品にトレーサビリティが義務化された。トレーサビリティには、物品の流通履歴の時系列にさかのぼって記録をたどる方向の「トレースバック」と、時間経過に沿っていく方向の「トレースフォワード」がある。

4　解答▶①　★★★

農業委員は選挙制と市町村長の選任制の併用から、市町村議会の同意を要件とする市町村長の任命制に変更された。そして、農業委員とは別に、各地域において農地利用の最適化を推進する農地利用最適化推進委員が新設された。

5　解答▶⑤　★★

事業を開始した26年度以降、担い手への農地集積は増えて29年度は4.1万 ha 増加したが、そのうち農地バンク事業によるものは1.7万 ha にとどまっている。

6　解答▶④　★

当期純利益は、一事業年度に計上されるすべての収益から、すべての費用を差し引いて計算される当期の最終的な純利益のこと。

畜産物売上＋野菜売上－飼料費－農薬費－雇用費－種苗費－雑費で求められる。

7　解答▶③　★★★

総資本のどれだけを、自己資本でまかなっているかを示す指標である。この比率が高いほど、経営は安定的で、設備投資や新規事業へ取り組みやすくなる。自己資本利益率（ROE）は、資本金に対する収益率を指しており、収益を得るために投資した金額に対してどのくらいの収益が得られるかを示す指標として重要視されている。

8　解答▶②　★★★

ゲタ対策は、諸外国との生産条件の格差から生じる不利がある畑作物（麦、大豆、てんさい、でん粉原料用ばれいしょ、そば、なたね）を生産する農業者に対して、標準的な生産

費と標準的な販売価格の差に相当する額を直接交付するものである。

9　解答▶④　★★

平成24（2012）年度から、原則45歳未満の者に対し、就農準備段階（準備型、最大150万円を最長２年間）や経営開始時（経営開始型、最大150万円を最長５年間）を支援する資金を交付する農業次世代人材投資事業を実施している。④は「農の雇用事業」である。

10　解答▶②　★★★

自由貿易協定（Free Trade Agreement = FTA）。現在ではモノだけでなく、サービスや投資なども対象とした広範囲な分野での取引の自由化が含まれる場合もある。一方で、経済連携協定（EPA）はFTAに加えて、投資、政府調達、知的財産権、人の移動、ビジネス環境整備など広範囲な取り組みを含む協定のこと。

選択科目［作物］

11　解答▶②　★

世界で栽培されているイネには、アジアイネとアフリカイネがあり、主な栽培イネはアジアイネである。イネの多くはたん水条件で栽培する水稲であるが、一部は畑条件で栽培する陸稲がある。うるちは飯として、もちは餅などにして食べられる。デンプンには、粘性の低いアミロースと粘性の高いアミロペクチンの２種類がある。もちのデンプンはアミロペクチンである。

12　解答▶③　★★

種もみの準備は塩水選→消毒→浸種→催芽の順で行う。温湯消毒は約60℃のお湯に10分種子を浸した後、浸種を行う。催芽は芽出しのことで、32℃で24時間加温するとそろって発芽し、1 mm程度の「はと胸状態」とする。

13　解答▶④　★★

イネはケイ素を多く吸収し、表皮にガラスのような膜（ケイ化細胞）を作って植物体を覆うので倒伏や病害虫を防ぐなどの効果がある。また、不足すると明らかに生育、収量が低下するため、適切な施肥を行うことが重要である。③窒素肥料の効果。⑤カリウム肥料の効果の説明である。

14　解答▶①　★

葉齢と草丈の関係と育苗日数の違いから苗が徒長していることがうかがえる。また、乾物量の実績値が低いことから苗の軟弱さが分かる。徒長・軟弱の状況からハウス内温度が緑化期に高かったことが予想されると同時に、育苗日数の違いから田植えも遅れたことが分かる。

15　解答▶②　★

中干しは、幼穂分化期の15〜10日

前から幼穂分化期まで行うことが多い。地表に亀裂が入るまで水を切り固め、土壌に十分な酸素を送り込んで硫化水素や有機酸などの発生を防いで根を健全に保つほか、窒素吸収を制限することで無効分げつを減らす。また、根や受光態勢を良好にする。出穂の頃はたん水（花水）し幼穂の冷害の危険から保護する必要がある。

16　解答▶⑤　★★★

①移植直後の水管理：イネが水没しない程度の深水（6 cm 程度）。②活着後から分げつ期における水管理：浅水（2 cm 程度）。③中干しは幼穂分化期の15～10日前頃の分げつ期後期に行う。④かけ流しかんがいは高温による生育障害の回避軽減のために行う。かけ流すことで、水田の温度が低下し幼穂発育期から登熟期の生育を順調に進ませる効果がある。

17　解答▶④　★

もみ数の増加と登熟歩合の向上に効果があるのは穂肥である。活着肥は活着促進がねらい。分げつ肥は活着後の分げつや葉面積を増やすため、つなぎ肥は有効茎の確保と窒素不足の補てん、実肥は登熟歩合の向上と千粒重の増加に効果がある。

18　解答▶②　★★

北海道、本州、四国、九州に分布する。コナギに似ているが、ミズアオイは花序を真上に伸ばし、コナギは花を葉腋につける。スルホニルウレア系除草剤に抵抗性があるミズアオイやコナギが全国的に増加し、問題となっている。

19　解答▶①　★★

②感染がみられた水田からの採種はしない。③種子消毒剤の耐性菌があるが、種子消毒は必要である。④感染種子は使用しない。⑤ばか苗病は種子感染で育苗中と本田で発病する。

ばか苗病は育苗中に発生する場合は淡黄緑色の徒長苗となり、根数が少なく、もみに菌糸が見られ、苗の葉鞘基部や根が暗褐色となる。保菌苗が本田移植後に発病することも多く、移植後2週間～1ヶ月程度で草丈が高くなり黄緑色でほとんど分げつを持たない。

20　解答▶⑤　★★

①②乳白米や胴割れ米の主要因は気象や刈り遅れが原因である。③④斑点米はカメムシ類による被害であるが、出穂期から乳熟期にかけてもみ殻の汁液を吸い、玄米に斑点ができる。斑点米カメムシは水田周辺の雑草地で越冬して繁殖することから、雑草の管理が重要である。

21　解答▶①　★

②胴割れ米の発生は、刈り取り遅れが主要因である。③刈り遅れは食味が低下する。④収穫適期は概ね出穂後30日から60日である。⑤もみや玄米水分が高いので乾燥の時間が長くなる。

22　解答▶④　★★★

①稲刈りのほとんどが自脱コンバインで行う。②もみの水分含量は14～15％に乾燥させる。③40℃以上の高温で急速に乾燥させると玄米にひびが入り割れやすく（胴割れ米）なる。⑤もみすり歩合は重量で80～85％、容量で50～60％である。

23　解答▶④　★★★

飼料用イネは生育旺盛で施肥量は、食用イネの5割程度多くし、出穂後の追肥は効果的である。大型機械化一貫作業をスムースに行えるよう地耐力を付けるため中干しは必須である。一部の除草剤に敏感な品種があること等、食用イネとは農薬登録が違なるので、注意が必要である。

24　解答▶③　★★

①グルテン含有量の少ない小麦粉は薄力粉である。②薄力粉は、主に菓子類に加工される。④ビールムギは２条オオムギが利用され、６条オオムギは押麦や麦茶に利用される。⑤オートミールなど食用にもなる。

25　解答▶①　★★★

ムギ類は畑作物の中で投下労働時間が最も少なく、省力化が進んでいる。施肥量は窒素成分で９～12kgが標準で、追肥を施用するのがふつうである。また、乾田の場合は浅く耕し粉土するだけで、うね立てをせずに栽培することが多い。

26　解答▶②　★★

①コムギより耐湿性は劣る。③オオムギはアルカリ性の土壌（pH ７～８）に適し、酸性には弱い。④コムギより成熟期は早いので、水田裏作や輪作体系に取り入れやすい。⑤ほとんどがうるち性であるが、もち性品種もある。

27　解答▶②　★★

①麦芽をつくるので、発芽率は高いものがよい。③穀粒は、大きくそろっているものが求められる。④皮むけがないものが求められる。⑤ビール用は、ほぼすべてが２条オオムギである。

28　解答▶④　★★

コムギの穂軸には15～20の節があり、各節に小穂が１個つき、互生する。１個の小穂には小花が３～９個つく。しかし、実るのは下位の２～４個だけである。オオムギの穂は、穂軸に12～14節あり、各節に３小穂つき、３穂ずつ互生する。一つの小穂は１小花からなる。全小花が実って６条の粒列となるものが６条オオムギで、３小穂のうち、中央の小穂だけが実るのが２条オオムギである。

29　解答▶④　★★★

①コムギ種子塩水選の塩水濃度は1.22g／cm^{3}である。②種子伝染するのは裸黒穂病や条斑病等である。③60℃、10分浸して冷水で冷やすのはイネの温湯消毒で、コムギは45℃の温湯に８～10時間放置して自然に温度を冷ます。⑤なまぐさ黒穂病は胞子が種子表面についているので、薬剤消毒が効果的である。

30　解答▶④　★

①湿害は根の阻害により生育抑制が生じる。②高水分時の耕うんは土を練ってしまうため湿害回避にはならない。③耕盤破砕は湿害回避に有効である。⑤湿害は春以降に生じやすい。

31　解答▶⑤　★★

①地上部（茎葉）の収量を多くするため密植とする。②吸肥力が強いので、塩類集積した野菜跡地では、土を健全にする。③自殖すると形質が分離するので、自家採種はできない。④ごま葉枯病、すす紋病、黒穂病やアワノメイガ、アワヨトウなどが発生しやすい。

32　解答▶②　★★

他の品種を近くで栽培するとキセニア現象が起こる。トウモロコシは分げつが少ないため株間は広く取らない。また、肥料摂取量が多いため施肥量を多くすることで多収量が見込める。根は広く地中に分布し、茎の下部の数節からでる太い支柱根が茎を支えるが、除草をかねて２～３回早めに土寄せを行うことが望ましい。②千鳥（ちどり）播とは，株を左右にずらしてジグザグに点播する多収栽培法である。

33　解答▶①　★★★

写真はヨトウムシ（アワヨトウ）である。②被害が生じる時期は出穂前で、出穂後の被害は少ない。③被害株の筒状部内に虫糞が詰まっており、それを取り除くとみつかる。昼間の活動を見つけることは難しい。④、⑤トウモロコシの作付では必ず発生するが、被害は多くない。時に暖地（関東以西）で大発生し、大きな被害をもたらすことがある。

34　解答▶②　★

①前問の解説のとおり、夜に食害し、昼間の活動を見つけることは難しい。③多くの作物の害虫である。④低温多湿条件で多発する。⑤糸状菌により発病し、アブラムシは媒介しない。アワノメイガの被害は被害が見えてからの防除では手遅れである。最も防除効果が上がるのは、雄穂出穂付近１週間である。幼虫は茎に食入する性質があり、外からは見えないので植物体の生長などを目安にして防除する。子実に被害を与えるのは、生育初期に産下された卵からの主に中～老齢幼虫である。

35　解答▶④　★★

トウモロコシは子実の形やデンプンの性質によって分類され、栽培目的、作期に応じて種類・品種を選ぶ。現在栽培されているトウモロコシ品種のほとんどすべてが雑種強勢を利用した雑種第１代（F_1、ハイブリッド）である。①ポップコーン（爆裂種）、②スイートコーン（甘味種）、③フリントコーン（硬粒種）、⑤ワキシーコーン（もち種）の説明である。

36　解答▶④　★★

ダイズの種子は無胚乳種子で種皮と胚からなる一年生のマメ科植物で、青刈りしたものがエダマメである。また、連作障害が起きるため、水稲、麦類などと輪作をする必要がある。短日植物で、晩生品種の方が多収を見込める。

37　解答▶③　★★

①種子の寿命は１～２年と短く、３年以上経過すると極端に発芽率が下がる。②連作により病気や害虫が多発するので、連作は避ける。④中耕・培土は除草効果や倒伏防止、養分吸収を促進する。⑤莢が適度にはじけるように、10時頃から収穫する。

38　解答▶④　★★

莢のごく小さいうちに被害をうけ、被害莢と内部の子実はそのまま生長を停止するため、発生が多いときは収量品質に大きな影響を及ぼす。莢の一部が小さくふくれ、いわゆる虫こぶとなる。この部分は一般に緑色が濃い。暖地での発生が多い。

39　解答▶①　★★

写真は紫斑病罹病のダイズである。紫斑病は糸状菌により発病する種子伝染性の病気である。種子の発病は莢が黄化するころから始まり、紫色の斑点がへそを中心に発生する。病斑は成熟期にかけて拡大し、著しい場合には種皮全体が黒紫色になり、ところどころに亀裂が生じる。

40　解答▶⑤　★★

①茎が土中で肥大化した塊茎である。②、④冷涼な気候を好むナス科の植物である。生育適温は15～23℃でpH5.5～6.5の酸性砂質土壌を好む。

41　解答▶④　★

①、③緑化した塊茎には有害成分であるソラニンが増加する。ソラニンの増加と腐敗を防ぐため、栽培中は土寄せをしっかり行い、収穫後は日の当たらない場所で保管する。②種いもは浴光催芽を行い、大きな種いもは各片が40～60g、１片に２～３個の目が残るように切断し、切り口を乾かしてから切り口を下にして植え付ける。⑤冷涼な場所を好むため、通気性、排水性の優れた土壌で栽培する。

42 解答▶④ ★★

①光合成速度は20℃前後で最も大きく、25℃以上で低下する。②ほう芽直後に生じる２～３葉は円形の単葉である。③主茎数は品種による芽の数の違い、塊茎の休眠終了後日数によるが通常は２～４本程度である。⑤一般にジャガイモの根の張りは深さ30cmまでの作土層に多いため土壌乾燥の影響を強く受ける。

43 解答▶③ ★★★

①サツマイモ、②サトイモ、④ダイコン、⑤タマネギの貯蔵に好適な温度と湿度の組合せである。

44 解答▶④ ★★

写真はポテトハーベスタ（ステージ形）。ポテトハーベスタには、エレベータ形掘取機の搬送にタンクを付けたタンカー形、スピンナ形掘取機にかご形エレベータ、選別台、補助者台を付けたステージ形、掘り取りながら伴走車に直接積み込むアンローダ形がある。

45 解答▶④ ★

収穫は霜に当てると腐敗するため霜が降りる前に収穫し、温度30～33℃、湿度90～95％の条件下に３～４日間おくキュアリングを行う。植え付けには塊根数を確保する水平植えや個数を制限して肥大を促進させる直立植えなど様々な方法がある。また、窒素が多いとつるぼけを起こしやすい。

46 解答▶① ★★

②基肥のみで追肥は行わない。③高畦栽培がほとんどである。④pHは４～７程度が適する。⑤カリの吸収量は多いので、10aあたり10kg程度施用する。①窒素は３～５kgと控えめにする。

47 解答▶③ ★★

①デンプン利用は近年大きく減少しており、消費割合は12.9％。②焼酎原料としての利用が多く、アルコール用としての消費割合は24.3％。④飼料用の利用は減少しており、割合は0.3％。⑤生食用品種が最も多く、消費割合は48.6％。〔平成28年度かんしょの用途別消費割合：平成30年度いも・でん粉に関する資料より〕

48 解答▶⑤ ★★

肥料袋に記載された窒素成分は５％なので、肥料は100kg施用になる。

$5 \div 0.05 = 100$

49 解答▶② ★★

畦間30cm、株間15cmでは、1 m^2では、栽植密度は22.2株となる。

$(100 \div 30) \times (100 \div 15) = 22.22\cdots$

50 解答▶④ 

ラベルの表記では、ジャガイモ「ばれいしょ」のニジュウヤホシテントウは、1000倍希釈となっている。計算は200000ml ÷ 1000 = 200mlとなる。

選択科目［野菜］

11　解答▶③　★

③さび病は、夏から秋にかけて、よく発生が確認される。はじめは小さな橙色の小斑点を葉に作り、次第にそれがかさぶた状に増え、胞子を形成する。激しく発病すると葉が枯死してしまい、収量に大きく影響する。また葉の外観形状が悪くなり、商品価値が著しく低下する。

12　解答▶②　★★

写真は、土壌水分計（テンシオメーター　PF メーター）と呼ばれるもので、土壌中の水分を計測することに用いられる。

13　解答▶③　★★

台木を胚軸で切断し、半分に切り裂いたところに、くさび状に胚軸を切除した穂木を切断するのが割り接ぎ。挿し接ぎは切断面に爪楊枝を指すように挿し、呼び接ぎは台木、穂木ともに胚軸を途中まで削って接ぎ木を行う。芽接ぎは穂木の芽の部分を台木に接ぎ、ピン継ぎは切断面の中心にピンを挿し台木と穂木をつなぎ合わせる。

14　解答▶④　★★

写真は、カボチャの葉のハモグリバエ幼虫の食害痕である。幼虫が葉にもぐって葉肉を食害するため、葉にくねくねとした白い線状の食害痕ができる。

15　解答▶②　★★

写真の生理障害は裂根であり、根の内部が外部より盛んに成長すると生じやすい。他は①岐根、③白斑症、④青首、⑤とう立ち（抽台）の発生原因である。

16　解答▶⑤　★★

ハクサイ（アブラナ科）は十字架状に花弁４枚の花を持つ。他は①イチゴ（バラ科）、②ジャガイモ（ナス科）、③トマト（ナス科）、④ネギ（ユリ科・ヒガンバナ科）、⑤ダイコン（ハブラナ科）。

17　解答▶②　★

ダイコンの地際部付近や葉のつけねが軟化腐敗し、悪臭を発する病気は軟腐病である。原因は、細菌（バクテリア）である。

18　解答▶⑤　★

計算式は、16Kg ÷0.1×（30÷10）。

19　解答▶③　★★

イチゴの株は、－５～５℃の低温に一定期間あうと休眠打破される。光飽和点は、2.5万ルクスで他の果菜類よりかなり低い。子株はランナーの先端につき、そこからさらにランナーが伸びて次々とつく。自然環境下での花芽分化は９月中旬頃から始まり、10月上旬に花芽が形成される。

20　解答▶①　★

施設野菜の代表的な品目であるキュウリは、苗の最も活着の良い①の時期に定植を行う。

21　解答▶②　★

農薬の使用にあたり、使用基準を順守することが原則である。違反すると農薬取締法による罰則規定が適用される。

22　解答▶①　★★

展着剤は薬剤を水中に分散し易くする作用があるため最初に入れる。農薬は水になじみやすいものから順番に加えて薬剤の調製をする。

23　解答▶④　★★

①平成28年度における野菜の需給構造は、国内生産が約80％、輸入が約20％を占めている。②総産出額は９兆2700億円で作物別には畜産３兆2500億円、野菜は２兆4500億円で２位である。野菜の品目別にはトマト（2400億円）、イチゴ（1750億円）、ネ

ギ（1650億円）の順である。③一人当あたり野菜消費量は減少傾向、20～30歳代は特に消費量が少ない。⑤野菜需要に占める加工・業務用の割合は57%、国産割合71%（家庭消費用は98%）である（平成27年）。

24　解答▶①　★

写真の昆虫はヒメカメノコテントウの成虫であり、幼虫、成虫共に②アブラムシ類を食べる益虫として知られている。天敵生物として導入することにより、アブラムシの防除ができる（生物的防除法）。

25　解答▶④　★★

ホウレンソウは、土壌の適応性は広いが酸性と過湿を嫌う。また、高温と長日を避けた秋まき栽培が基本作型である。播種後は、種皮がかたく吸水しにくいため、発芽が揃うまで乾燥させない。西洋種は葉が大ぶりで厚く、切れ込みが浅く、抽台しにくい。

26　解答▶④　★★★

ホウレンソウでは、ネイキッド種子（果皮を除去）のほか、吸水と乾燥を繰り返すハードニングにより発芽を促進させる。①ウリ科では70～73℃で３～４日乾熱処理し種子消毒を行う。②シードテープはレタス、ニンジンなどで利用される。③コーティング種子は小さい種子や毛のあるもので使用される（アブラナ科、キク科）。⑤種子消毒としてベノミル剤やチウラム剤に浸せき処理を行う。

27　解答▶②　★★★

写真の植物はキク科の「マリーゴールド」であり、②のネグサレセンチュウの防除効果が知られている。③ネコブセンチュウ対策にも効果がみられるが、効果が劣るためネコブセンチュウ防除目的として用いられることは少ない。

28　解答▶⑤　★★

写真は定植後の「根深ネギ」であり、ネギはユリ科（ヒガンバナ科）植物に分類される。

29　解答▶①　★★★

発芽適温：15～20℃。25℃以上になると休眠しやすく、30℃以上では全く発芽しない場合もある。種子は、好光性種子。乾燥条件には強いが、過湿を嫌う。結球後の凍霜害は、腐敗病の原因となる。結球レタスと非結球レタスとでは、農薬の登録が異なるため注意が必要である。

30　解答▶②　★

施設圃場の開口部に赤色ネットを展張すると、②アザミウマ類（スリップス）などの微小な害虫には、赤色光の波長が認識できず、黒い障壁に見えるため、侵入しづらくなると考えられている。

31　解答▶②　★★★

キアゲハの幼虫は、②ニンジン、パセリ、セロリ、ミツバ、アシタバ等のセリ科植物を食害する。幼虫は危険を感じると臭角（しゅうかく）と呼ばれるツノを出し、独特な臭いで外敵を威嚇する。クロアゲハはカンキツの葉を食用する。①キャベツはアブラナ科、③トマトはナス科、④レタスはキク科、⑤ホウレンソウはヒユ科（旧表記：アカザ科）である。

32　解答▶②　★★

写真はカボチャの雌花であり、カボチャは単性花であり雄花からの花粉により受粉する。

33　解答▶⑤　★★

地温上昇効果は、透明フィルムが最も高い。透明フィルムは日射を透過させうねの地温を上昇させるとともに、温度が上昇した地温の保温効果もあるため、地温上昇効果が高い。

34 解答▶③ ★★

スイカの交配は③の条件が最も受粉率が高い。重労働であるため、訪花昆虫による交配作業の省力技術も開発されている。早朝は雄花の花粉が放出されないため交配をしない。

35 解答▶③ ★★

夏季のブロッコリーの産地では、輸送中における温度上昇による品質低下を防止するために、収穫後直ちに温度を低下する必要がある。ブロッコリーは真空冷却による予冷効果が劣るため、クラッシュアイスを用いたアイシングが用いられる。

36 解答▶⑤ ★★

ネコブ病は土壌伝染し、土壌の水分によって被害が拡大する重要病害である。土壌の酸度によっても被害度が異なる。③根こぶ病の病原菌は、ネコブカビというカビの仲間。土中では「休眠胞子」と呼ばれる胞子の形で潜み、アブラナ科野菜の根が近づいてくるまでは、長期間眠って発芽を待っている。ネコブセンチュウはウリ科の他、ナス、トマト、ピーマンなどのナス科、インゲンなどのマメ科、ニンジン、オクラなど広範囲の作物に寄生する。

37 解答▶③ ★★

③アザミウマ（スリップス）は、体長1～2 mm程度と微小な害虫で、多くの農作物を吸汁・加害して商品価値を大きく低下させる。直接的な被害のほか、ウイルス病媒介による間接的な被害も問題となる。

38 解答▶⑤ ★★

葉や果実が黒く汚れるすす病は、アブラムシ類またはオンシツコナジラミの排泄物が原因となって発生する。ベト病、うどんこ病は糸状菌（カビ）が要因。

39 解答▶③ ★★

一般的にブロッコリーの花蕾形成には、幼植物体の時期における15～20℃以下の低温が4～6週間必要で、緑色植物体春化型（グリーンバーナリゼーション）である。

40 解答▶① ★★

写真は、液化CO_2ボンベである。施設園芸においては、主に冬季の晴天時で窓が閉鎖している時、作物の光合成により施設内のCO_2が減少し光合成速度が低下する。光合成促進のためにCO_2を施用する。

41 解答▶④ ★

写真はトマトの「尻腐れ果」を示したものである。原因はカルシウム（Ca）の生体内欠乏に起因する。

42 解答▶② ★★

写真は②ウリハムシの食害痕である。主な被害作物はウリ科野菜であるが、ハクサイやインゲンなどを加害することもある。成虫は葉の表面を浅く円形状に食害する。葉を円形に傷つけ、円内に流入する苦味や粘性のある成分を遮断してから食べる行動を「トレンチ行動」という。幼虫は根を食害する。

43 解答▶② ★★

レタスはキク科に分類される葉菜である。

44 解答▶③ ★★

レタスやセルリーなどの葉菜類は、輸送中における温度上昇による品質低下を防止するために、収穫後直ちに温度を低下する必要がある。この写真の装置は、真空による気化熱を利用してレタスの品温を低下する真空冷却装置である。

45 解答▶② ★★

裂果は露地・雨よけハウス抑制栽培の梅雨期と秋雨期の収穫期に発生が多い。①はすじ腐れ果、③チャック果、④窓あき果、⑤空洞果の発生要因である。

46 解答▶③ ★★★

根部肥大期における地温条件における傾向として、①低温、②中温、③高温、④6葉期前後まで高温その後低温、⑤6葉期前後まで低温その後高温、による根部への影響が見られる。

47 解答▶① ★★

この害虫は①の「キスジノミハムシ」である。数 mm の大きさの成虫が葉を食害して小さな穴をあける。幼虫は根部の表面を食害し、商品価値を著しく低下させる。

48 解答▶② ★★★

①はれき耕、③ NFT は、傾斜をつけた栽培ベッドに養液を流して栽培するシステム、⑤トマトに最適な養液の EC 濃度は、0.01～0.03mS/m程度である。

49 解答▶③ ★★

①キュウリは「ウリ科」雌雄異花同株のツル性植物であり、②単為結果をするつる性植物である。⑤幼苗は容易に発根し、挿し木や接木は可能である。

50 解答▶① ★★

アブラムシの排泄物ですす病が発生する場合が多く、外皮が黒くよごれる。このことにより外観が悪くなり、著しく商品価値を低下させる。

選択科目［花き］

11 解答▶① ★★

写真はベゴニア　センパフローレンス。日長に関係なく、光と温度があれば開花する。花色は赤、ピンク、白を中心とし、花壇材料として用いられる。シュウカイドウ科。

12 解答▶③ ★★★

写真はプリムラ　マラコイデス。プリムラ属の植物は500～600種があるとされており、観賞価値の高いものが多い。プリムラ　マラコイデスは中国の雲南省原産の一年草。株全体に白い粉がつくことから、ケショウザクラ（化粧桜）という和名がつけられている。暑さに弱いので、6月から7月もしくは9月にタネをまいて、翌年の早春からの花を楽しむ。小輪品種（花の小さい系統）と、大輪品種（花が大きく葉がごわごわした系統）に大別できる。小輪品種はこぼれダネでも毎年よく咲く。

13 解答▶④ ★★

①秋まき一年草、②球根植物、③秋まき一年草、③二年草、⑤秋まき一年草。

14 解答▶② ★★★

花きの種類によって発芽適温が異なる。適温の高い順は以下となる。

サルビア、ニチニチソウ＞ペチュニア＞インパチェンス＞パンジー

15 解答▶④ ★★

写真はシクラメン。冷涼な気候を好むため、高冷地以外は夏場の遮光管理や冷房が必要である。播種から出荷まで約1年を要し、栽培には時間・労力・技術を要する。労力削減と花に直接水がからないようにするため、底面給水も多く利用されている。

16 解答▶④ ★

5 mℓ×2000＝10000mℓ＝10ℓ

17　解答▶②　★★★

細菌性の病気の予防には殺菌剤を用いる。②以外はすべて殺虫剤である。

18　解答▶①　★

写真はアブラムシ。体長はおよそ1～4 mmほどの害虫。アブラムシ自体が行う吸汁活動で植物が萎（しお）れたり枯れたりすることはないが、さまざまなウイルスを媒介する。

19　解答▶③　★

写真は灯油を燃料とする温風機である。温室やハウスで利用される。

20　解答▶③　★

秋ギクは、10～11月に開花する品種群で、日長が短くなると開花する短日植物である。電照によって自然日長を延長したり、暗期の途中で光を当てることで開花を抑制する。

21　解答▶①　★★

植物成長調整剤の使用目的は次のとおり。①ダミノジット：わい化、②ウニコナゾール：わい化、③ベンジルアデニン：腋芽促進、④インドール酪酸：発根促進、⑤ナフタレン酢酸：発根促進。

22　解答▶③　★★

さし芽の注意点は次のとおり。（1）種苗法に基づき登録品種を無断で増殖してはならない。（2）さし穂の切り口を乾かさないように、素早く水につける。（3）葉の多いさし穂は、葉からの蒸散し過ぎないように、葉の数を少なくし、葉の大きなさし穂では、葉を切って小さくする。（4）さし床には、清潔で水はけと保水性・通気性のよい用土を使い、肥料は与えない。（5）さし芽後は、寒冷紗などで直射日光をさえぎり、適温・適湿を保つ。（6）発根後は、徐々にかん水を少なくして、根の成長を促す。

23　解答▶③　★★★

草花の生産額（農林水産省「花木等生産状況調査」平成26年）は、切り花が全体の半数以上を占めており、キクが最も多く、鉢ものでは、単一種類としてはシクラメンが最も多い。切り花消費は、業務用・ギフト用・生け花けいこ用が減少し、家庭用の割合が増加したが、生活を豊かにするためより、宗教的行事と結びついた消費が多い。

24　解答▶④　★★

長日植物は、日長が長いほど花芽分化が早まり、開花が促進される植物である。キク、コスモス、シャコバサボテンは短日植物、パンジーとスイセンは中性植物である。

25　解答▶②　★★

テッポウユリの球根は45℃の温湯に30～60分ほど浸けると休眠が完全に打破され、それ以降の冷蔵処理の効果があがる。冷蔵処理は10℃以下で6～8週間である。

26　解答▶②　★

ウイルスフリー苗を作出するには、ウイルスなどの病原菌にほとんど侵されていない茎頂部を切り取って培養する。

27　解答▶④　★★

自然界では、ランの種子はラン菌とよばれる共生菌の助けにより発芽する。人工的に発芽させるには、発芽に必要な養分を加えた無菌の培地に種子を播く無菌発芽法が用いられる。ランの種子は小さく胚乳がないので、貯蔵養分が種子にないことから改良されたラン独特の技術である(無菌播種法)。

28　解答▶③　★★★

正常な花芽の発達が阻害され、包葉の一部が奇形になった葉を伴った花蕾をやなぎ芽という。高温すぎたり、低温過ぎたり、あるいは梅雨の長雨などで日照時間が短いために花芽分化し、その後に日照時間が回復しても起きる。花芽発達時の温度や日照時間の管理に注意する。

29　解答▶②　★★

ダリアは塊根、グラジオラスは球茎、シクラメンは塊茎、フリージアは球茎である。

30　解答▶⑤　★★

くん蒸による土壌消毒は、薬剤により処理する方法である。薬剤処理を行うには、人畜に対する毒性について、十分な注意を払う必要がある。

31　解答▶②　★

農薬は葉裏に薬剤がかかるように噴霧すると薬効が高まる。

32　解答▶②　★★

パンジーとインパチェンスは中性植物、マーガレットとストックは長日植物。

33　解答▶③　★

がく割れはカーネーション特有の症状である。原因は湿度、温度差などがあると言われている。

34　解答▶①　★★★

トルコギキョウ以外は、すべて暗発芽種子。

35　解答▶④　★★

施肥量×窒素成分割合0.06＝18kg

肥料投入量＝18kg÷0.06＝300kg

36　解答▶④　★★★

八重の特徴は、発芽が早く、子葉はくびれがあって大きく、本葉は波打っており、葉色は淡い緑色で生育は盛んである。

37　解答▶①　★★

葉組みをすることで、株の中心部に光が入るようになり、葉枚数が増加する。葉枚数が増加すると花数も増加する。

38　解答▶①　★★★

ジニア、プリムラ類は中性、ガーベラ、スイートピーはアルカリ性に適応する。酸性に適応性のあるものには、アザレア、ツツジ、ベゴニア、ハンドライジア（青）がある。

39　解答▶⑤　★

①切り花の品質保持には低温で管理することが大切である。②切り口を空気にさらすと、水の吸収は抑制される。③エチレンは切り花の老化を促進させる。④生けた水や導管に繁茂する細菌などは、水揚げを低下させる。

40　解答▶⑤　★★★

写真はゼラニウムで、多肉質の茎をもつ多年草である。

41　解答▶①　★★★

キンギョソウは鮮明な色彩で色幅のバラエティに富み、春めいたにぎやかさを感じさせ、甘い香りを漂わせ、英名では竜に見立ててスナップドラゴンと呼ばれる。品種が多く、草丈1m以上の高性種、こんもり茂る小型種、そして中間のタイプがあり、切り花や花壇、鉢植えと幅広く利用される。一重咲き、八重咲きのほか、花が杯状に大きく開くペンステモン咲きの品種もある。多年草に分類されるが、高温多湿の蒸れに弱いことから、一年草扱いにすることが多い。一代雑種（F_1品種）が多く育成されているため、成長、開花が早く、種子から容易に育てられる。

42　解答▶②　★

ブラインドは、バラで花蕾がつかない現象。花をつける枝でありながら、蕾をつけずに伸びてしまう新梢（シュート）のこと。ブラインドを切り戻すと、また芽が伸びて蕾を付ける。①ルーピングは、根が鉢底で鉢に沿って円を描くように伸びる現象。③ロゼットは、環境不良などにより茎葉の伸長が抑制される現象。④ベントネックは、花首が折れ曲がって不開花となる現象。⑤ブルーイングは、花弁が青色化する現象。

43 解答▶② ★★

①ヒマワリの長卵形の痩果。②正しい。コスモスの細長い痩果。③スイートアリッサムの種子。④ストックの種子。⑤イロハモミジの翼果。

44 解答▶③ ★★

①灰色かび病は、葉の先端などが淡褐色に変色する。②菌核病は、葉の先端部などに飴色に変色した病斑が形成される。③白さび病は、葉の裏側に小さな白い小斑点となって現われ、病勢がすすむと白いイボ状の斑点が葉の裏一面に現われる。④うどんこ病は、主に葉の表面に白い粉状の斑点となってカビが生える。⑤白絹苗は、地際部の茎が外皮から褐変して腐敗する。

45 解答▶⑤ ★

アジサイは、ガクアジサイの花序全体が装飾花になったもので、装飾花の花弁状の部分はがく片である。

46 解答▶② ★★

エブアンドフローシステムによるかん水は鉢物などに対して底面からポンプアップして給水する省力システムであるが、水が循環するためタンク内に病原菌が存在すると繁殖しやすい欠点がある。

47 解答▶④ ★★★

灰色カビ病は15℃前後の温度と70%以上の湿度で多発する。出荷前に発生することから、殺菌剤の散布とともに暖房と換気に心がける必要がある。ボトリチス菌が原因の灰色かび病（ボトリチス病）は花びらやつぼみなどの柔らかい部分が、水がしみたように変色し、次第に褐色になって腐っていき、湿度が高いと灰色のカビに覆われる。更にボトリチス菌は株の中心部を腐らせる。

48 解答▶① ★★

ユリは人為的には分球を利用したりん片ざしによって増殖する。シクラメンは種子、バラは接ぎ木、シダ類は株分けや胞子繁殖、サルビアは主に種子繁殖が行われている。

49 解答▶③ ★★★

写真のランはカトレア。カトレアの分布は主に中南米である。

50 解答▶⑤ ★★★

カサブランカは日本のヤマユリなどの原種ユリから1970年代にオランダで開発され、世界的なブームとなった人気品種である。結婚式のブーケや花束として喜ばれる。純白で大輪の花を咲かせ、「ユリの女王」と言われる。品種名のカサブランカは「白い家」の意で、モロッコの都市カサブランカの白い家々に因んでつけられたとされる。

選択科目［果樹］

11　解答▶②　★

ウンシュウミカンは単為(たんい)結果のため、受粉樹も人工受粉も必要でない。単為結果とは、受粉・受精がなくても果実が肥大するが、種はできないため、種なし果実となる。この性質をもつものには、バナナ、パインアップル、イチジク、カキの平核無、ブドウの一部の品種などがある。リンゴ、オウトウ、日本ナシは、自家不和合性の品種がほとんどであり、単為結果性がないので受粉樹がないと結実しない。キウイフルーツは雌雄異株であるため、雄株（受粉樹）が必要である。

12　解答▶①　★

ブドウの枝の芽は混合花芽であるため、どの芽からも枝葉と花穂が出てくる。そのため、前年の新梢を2cm程度に短く切る方法が短梢せん定である。短梢せん定に対して、前年の枝を長く残す方法が長梢せん定である。短梢せん定の樹形は、一文字、H形など主枝が真っすぐで、その主枝から左右に枝を伸ばしていく。長梢せん定はX形が主で、主枝や結果母枝の配置には技術を要する。短梢せん定は、せん定が容易で、誘引やジベレリン処理、摘粒等の管理作業の効率が非常によい。以前は、「花ぶるい」（花は咲くが結実しない生理障害）が問題であったが、ジベレリンによる無核栽培では、「花ぶるい」はほとんど発生しない。②は長梢せん定の長所であり、③④⑤が短所である。

13　解答▶⑤　★★

自家不和合性を持つ果樹は、別品種の花粉が必要であるため、人工受粉や受粉樹が必要である。この性質をもつ果樹には、ナシ、スモモ、ウメ、カンキツの一部（ハッサクなど）がある。ウンシュウミカンは単為結果性、キウイフルーツは雌株と雄株を持つ果樹である。モモは自家和合性であるが、白桃系の品種などでは花粉のないものが多く、1本では結実しないことがある。ブドウとビワはほとんどが自家和合性である。

14　解答▶③　★★

樹体内の炭水化物と窒素のバランスで、窒素が多いと花芽分化が少なく、炭水化物が多くなると花芽分化が促進される。降雨が多いと光合成も少なく、軟弱に徒長して花芽が少なくなる。枝を多く切る強せん定は、枝葉の成長（栄養成長）が盛んになり、②の弱せん定は生殖成長（花芽分化等）が盛んになる。⑤日較差（にちかくさ、にちこうさ）は、一定の場所における1日の最高気温と最低気温の差のことで、夜に気温が低いと光合成物質の消費が少なく、結果として炭素（C）が樹体内に多く残る。

15　解答▶④　★

果樹栽培において、隔年結果を防止し、毎年良い果実を収穫するためには、せん定や摘果などによる着果量の調整が必要である。隔年結果はカキ、ミカン、リンゴなどで見られる。一方で、ウンシュウミカン等では、人為的に交互に隔年結果を起こさせ（ある樹は摘果せず全て着果させ、別の樹は全て摘果する。これを交互に行う方法）、毎年安定した収量を確保する交互隔年結果法に取組む事例もある。①病害虫とは直接関係しない。②着果調節は、せん定が基本である。③成り年は摘果を早く行い、着果量を少なくする。

16　解答▶②　★★

黒星病は、葉、果実、新梢に発生し、リンゴ産地で問題となっている。

写真のように幼果ではかさぶた状になり、奇形、裂果する。リンゴに近いナシにおいても、赤ナシ系品種で同様の黒星病がある。この黒星病は黒いススが出るのが特徴である。黒星病は同じ農薬を続けて使用すると農薬耐性菌となり、その農薬による防除が困難になるため、農薬の種類を変えて散布する。①はカンキツの病害、③④はリンゴに発生する病害で、⑤はオウトウ、モモ等の病害。

17　解答▶⑤　★

オウトウやリンゴでは、着色期に入った頃から、下部や樹冠内の果実の着色を促すため、樹冠下に反射資材を設置する管理が一般的である。着色を促進するためにこの方法が実施できるのは、基本的に袋を被せない栽培、即ちオウトウやリンゴ（リンゴは着色のために途中で袋を外すもの）や無袋のブドウなどがある。反射資材（マルチ資材）の色は、太陽光を反射させるため白色や銀色（シルバー）である。しかし、マルチ資材は、土壌に雨が入らなかったり、逆に土壌が乾かない等の弊害もある。そのため、長期間の使用は望ましくない。ウンシュウミカンに白色のマルチを敷くことも多いが、透湿性マルチで、土を乾かすことによる着色向上・糖の上昇が目的である。

18　解答▶①　★★

１年枝の切り方としては、①の方法が適切であり、残す芽の先端と芽の付け根を結んだ角度と平行に切る。②は切り口の面積が広すぎる。③と④は枯れ枝部分が残りやすい。せん定バサミで切る場合、残す枝の芽の方向を考えて、伸ばそうとする方向の芽の上で切る。

19　解答▶③　★★

一般的に糖度の高い果実は、成熟期に窒素肥料が切れること、即ち肥料が吸収されないように土壌を乾燥状態にすることが、高糖度の果実生産の原則である。それには、土壌の養水分のコントロールが可能なハウス内での根域制限栽培が最も容易な方法である。①窒素成分が多い、②常に湿っていると窒素成分が切れず、いつまでも栄養成長が盛んであり、着色等も進まない。④早期収穫すれば貯蔵性は高いが、糖度は低い。逆に完熟させてから収穫すれば、糖度は高いが、貯蔵性は低くなる。⑤石灰質肥料はpH改善に使用する。

20　解答▶①　★★

種子からできた苗は収穫までに年数がかかるのも一要因であるが、最大の要因は、ほとんどが親より悪い品質の果実ができやすいためである。ただし、時々、優秀なものができることがあるため、品種改良や接ぎ木の台木生産の場合に、種子から苗をつくる。果樹は他品種等との交配により、長年の間に遺伝子が多様になっている。これは、純粋な遺伝子では、自然界を生き残ることができないためで、種の多様性を備えている。

21　解答▶③　★

接ぎ木部分を土の中に埋めると穂木から発根することがあり、接ぎ木効果が失われることがある。①⑤完熟たい肥等は入れた方が良いが、未熟のものはモンパ病の発生や窒素飢餓（きが）となり、良くない。②腐ったり、折れた部分の根は、切り戻す。④安定させるためには支柱等を利用する。その他、植え付け時には、暗渠（あんきょ）や高畝（たかうね）で排水を良くする、掘り上げた土は沈み込むので、その対策をする、石灰等による土壌pHの改善、植付け後に土壌が乾かないようにマルチ等をするなど、多々の注意点がある。

22　解答▶②　★★★

落葉果樹における施肥について、晩秋から早春には年間施用量の大部分を元肥として施す。その際、たい肥等も使用することがある。追肥は樹の生育が弱い場合などに樹の状況を見て行う。収穫後の礼肥（秋肥）は速やかに樹勢を回復させるため速効性肥料を少量施す。大量に施すと枝が二次成長してしまい、良くない。

理想の施肥は、樹の状況を見て、果樹が必要とするときに、必要なだけを与えることである。そうすれば無駄もない。しかし、これには高度の技術が必要であり、難しい。①は緩効性肥料（ゆっくり効果があるもの）が間違い。③のリン酸は水に溶けにくく、すぐに効かない、また、④のたい肥も分解に長時間必要であり、追肥には使用しない。

23　解答▶④　★★★

最初に無核のジベレリン処理が行われた品種はデラウェアであり、次にマスカットベリーAである。ジベレリンの濃度は100ppmで処理時期は開花予定約14日前と満開後10日であった。その後、無核化に成功した巨峰・ピオーネ等、多くの品種は、濃度20ppm程度、処理時期は満開時とその10日後である。ワイン用品種はジベレリン処理が不要である。シャインマスカットは、開花前に無核率向上のためにストレプトマイシンを使用するが、ジベレリン処理は開花後である。

24　解答▶②　★★

環状はく皮（剥皮）は、着色が悪い場合に、果実の着色向上のため、枝の表皮を幅2cm程度めくり、光合成物質が根や幹に行くのを遮断するものである（表皮のみで、木部を傷つけると根からの養水分に悪影響がある）。遮断により、枝内のC（炭素物質量）が増加し、着色向上につながる。環状はく皮はブドウの満開後30日程度に行う。しかし、根に光合成物質が行かないため、連年多用すると樹が弱まり、悪影響となるので注意が必要である。①は粗皮（荒皮）けずりで、表皮はそのままである。③表皮のみを薄く剥ぐことは、根からの養水分の遮断にはつながらない。④は芽傷、⑤は捻枝である。

25　解答▶②　★

徒長枝は太い枝の背面（上面）から発生する枝が多く、見かけの成長は良いが、軟弱で、良い花芽を持たない枝である。養水分の流れが徒長枝に移り、やがては強大になり、養分の浪費と日当りの悪化、樹形の乱れにつながるので適度に除去する。一方で樹が弱った場合などは徒長枝を利用して樹勢の向上を図ることもある。①元枝の先端は生育が悪くなる。③果実の着色や糖度は悪くなる。④枝葉が繁茂し、果実付近は日当たりが悪くなる。

26　解答▶④　★

暗きょ（暗渠）排水とは、眼に見えない排水・溝である。一般的には、果樹園内に水が流れる程度の傾斜のある溝を掘り、そこに穴あきパイプを入れる。次にそのパイプの上に籾殻等（砂利等を入れることもある）の、排水がよく、腐りにくいものを入れ、最後に土で埋め戻す。それに対して、①②は眼に見える排水・溝である。③のように草による排水効果もある。⑤は清耕法の土壌管理であるが、雨と共に土壌表面の良い土が流亡することもある。

27　解答▶③　★

日本では、ラビットアイ種（ラビッ

トアイブルーベリー）とハイブッシュ種(ハイブッシュブルーベリー)の２種類が栽培されている。ハイブッシュ種には寒い地域に適する「ノーザンハイブッシュ」と西南暖地に適する「サザンハイブッシュ」があり、アメリカから導入された。わが国では比較的新しい果樹である。

28　解答▶⑤　★

写真は「ふじ」品種の蜜入り症状である。リンゴなどのバラ科植物では、葉で合成されたブドウ糖が、甘味の低い糖の一種であるソルビトールに変化して果実に運ばれる。その際、すでに細胞が満たされていると、ソルビトールが入る場所がないため、間隙に染み出て、蜜のように見える。「蜜入りリンゴ」が美味しいのは、蜜のために美味しいのでなく、「完熟リンゴ」だから美味しいのである。「完熟」の次の段階は「腐る」であるため、昔は、蜜入りは生理病(生理障害）として扱われ、販売できなかった。

29　解答▶②　★★★

写真はクルミの雌花と幼果である。クルミ、クリ、アーモンドなどは堅果類とよばれ、子房壁は肥大せず、うすくてかたい殻となる。食用部は種子の子葉部分である。①はプルーン、③はウメ、④はオウトウ（さくらんぼ)、⑤はリンゴ、ナシなどの説明文である。「核果類」の「核」は、果樹では「種子」の意味であり、核果類にはモモを代表として、ウメ、スモモ。オウトウ、アンズなどがある。

30　解答▶④　★★

①はアブラムシ、②はシンクイムシ類、③はカメムシ類・夜蛾（やが）、⑤はコスカシバの説明である。カイガラムシの種類は多数あるが、「カイガラ」の名前のとおり、ほとんど動かず、移動が遅い害虫である。貝殻のように硬い殻に覆われているものも多く、また殺虫剤が効かないものも多い。防除法は、冬季（カンキツは春先の出芽する前)に機械油乳剤(マシン油剤）を散布することにより、窒息させる方法がある。また、アブラムシと同様に分泌液が甘いため、それに黒いスス（甘い物質に黒いカビ）病が併発し、果実等が汚れることがある。

31　解答▶②　★

写真はカキである。カキは基本的に雌花と雄花が同じ樹内にあり、甘ガキと渋ガキに大別される。甘ガキは樹上で自然に渋味が抜けるが、渋ガキは渋味が抜けない。渋味が抜ける仕組みは、タンニン（渋の成分）が抜けるのでなく、可溶性から不溶性（溶けない形）になるため、食べても口の中で渋味を感じないということである。渋柿のタンニンを人工的に不溶性にするには、干す、アルコール処理、CO_2処理などがある。①カキは両性花でなく、雌花と雄花が同じ樹内にある雌雄同株である。③はウメ、④はオウトウ（さくらんぼ)、⑤はキウイフルーツ・ギンナンである。

32　解答▶①　★

摘粒は、１果房当たりの着粒数を制限して、大粒・高糖度・着色向上等の品質向上、商品価値向上を高めるために行うものである。取り除くのは粒数の多い部分、小粒、内側の粒、奇形果などで、軸は残さない、ブルームを取らないようにする等の注意すべきことがある。残す粒数は品種により異なるが、目標とする房重と１粒重の関係で決定する。②は整房（房の切り込み)、③は摘芯、④

は整房（岐肩取り）、⑤は摘房の説明である。

33　解答▶③　★★

ポイントは、四角い巣箱と受粉に用いる昆虫であるかどうかである。①②の蜂は、花にいる虫等を食べたりするために花を訪れることがあり、受粉もすることになるが、毒をもった危険な蜂であり、人間が利用することはない。⑤ヒラタアブは「ハエ」「アブ」の仲間であり、巣をもたない。農業利用として、巣箱をレンタル・販売しているのは、西洋ミツバチと西洋マルハナバチである。西洋マルハナバチは、外来生物であり、利用はトマトハウス内などに限定されている。写真は、養蜂家が持ち歩いている巣箱であり、正解は③である。セイヨウミツバチの養蜂は家畜の分野として改良され、明治時代にアメリカから輸入されたといわれている。ミツバチは受粉用昆虫としてなくてはならない「農業資材」となっている。

34　解答▶①　★★★

冬季の低温によりカンキツ果実が樹上で凍結すると、解凍後に果肉の水分が失われて果肉部分に空隙ができる「す上がり」が発生する。「す上がり」は気象災害・寒害による生理障害である。カンキツの種類によっては、同時に苦みも発生して商品性が失われるため、熟期が遅いものは、冬季に温暖な場所を選んで栽培することが大切である。原則、ウンシュウミカンは12月までに収穫するが、清見の収穫は３月までである。寒さが厳しい１、２月に樹上にあるため、「す上がり」に対する注意が必要である。

35　解答▶②　★

キウイフルーツ果実は樹上で熟さず、収穫後も放置しておいたのでは熟さない。可食状態にして販売するため、出荷前にエチレン処理などで追熟を促進して出荷することがある。エチレンは工業製品として販売されている気体である。エチレンは植物ホルモンの一種であり、リンゴの果実から特に多く放出される物質（ガス）として知られている。家庭では、キウイフルーツをリンゴと一緒に袋に入れておけば熟す。①ジベレリンはブドウの無核化やナシの熟期促進、③低温は保存期間の延長、④はハウスや温室内の冷却やかん水等が目的、⑤風乾はウンシュウミカンの予措（貯蔵性向上のために果実表面を軽く乾かす作業）で使われる。

36　解答▶③　★★

①主幹形は主枝を順に出しながら上へと伸ばすもの。一ヶ所から主枝等を発生させるのは樹形でなく「車枝」である。②棚仕立てでは枝が棚に固定されるため、強風による被害を受けにくくなる。ナシは少しの強い風で落果するため、棚がないと栽培できない。④間引きせん定は枝を元から切ることを言い、途中で切るのは切り返しせん定である。⑤栄養成長が盛んな樹は、できるだけ弱いせん定（枝を多く切らない）をして樹勢を落ち着かせ生殖成長に仕向ける。

37　解答▶②　★★

主幹部から３～４本の立った主枝を設け、それぞれ主枝から横方向に２本程度の亜主枝を配置するのが開心自然形である。開心自然形はカンキツの一般的な仕立て方である。カンキツ以外ではカキやモモなどでも開心自然形に仕立てることがある。樹形は、作業の行いやすさを考えると、棚仕立てのように低い方が良い。枝を横に広げて低くした「開心形」があるが、樹勢が弱くなりやすいため、現在は、枝を少し立て、より自然に近い形の「開心自然形」が多く利用されている。

38　解答▶④　★★★

枝別摘果は部分摘果の一部（主枝単位に行う）である。①早期摘果は、早く行うほど果実の肥大促進と隔年結果防止効果が高い。②後期摘果では、品質の劣る果実を摘み取ることにより外観品質の向上と果実の糖度を高くする効果がある。③摘果が遅れると結果過多の状態になるため、隔年(かくねん)結果がおきやすくなる。⑤品質の劣る果実を樹全体から摘み取り、樹の葉果比を適正にする摘果を間引き摘果と呼ぶ。

部分摘果や間引き摘果に対して、樹の全てを摘果する（全摘果）と全く摘果せずに小さめの果実を多く収穫するものを交互に組み合わせた省力栽培方法もある。

39　解答▶①　★★

②はブドウ、③はリンゴ、④はカキ、⑤はモモの病気である。カンキツのその他の病気として、かいよう病、灰色かび病、貯蔵病害などがある。

40　解答▶②　★★

写真はカンキツの品種「せとか」である。カンキツをはじめ、果樹の繁殖は接ぎ木で行われるものがほとんどである。①さし木繁殖は発根が容易なイチジクやブルーベリーなどで、③種子繁殖は台木や新品種の育成などで行なわれている。④取り木(枝を傷つけてミズゴケを巻いたり、枝を土に埋めたりすることにより、枝の途中から根を発生させる方法)は一部の果樹で行われているが一般的ではない。⑤組織培養はウイルスの無毒化などで利用される。

41　解答▶④　★

ウンシュウミカンは両性花（1つの花の中に、雌しべと雄しべがある）をつけるが、単為結果性（受粉しなくても結実するが種はできない）があるため自家（「家」は「品種」の意味）受粉や他家受粉しなくても結実する性質がある。他家受粉しても結実するがその場合は種子が入る。開花時の落果防止剤としてジベレリンが農薬登録されているが、散布は結実のための必須条件ではない。

42　解答▶③　★

これは子持ち花を左右に分けたものである。左のAが親花、右のBが子花である。子花は、本来、枝葉になる部分であるものが花になったものであり、良い果実にならないので、できるだけ早く取り除く。取り除く時期については、開花・結実してからでは貯蔵養分の無駄になり、判別も困難、摘花・摘果に時間がかかるので、写真のような蕾の段階で、芽たたき（蕾を指先で軽くたたく）をして取り除く（摘蕾）のがよい。

43　解答▶③　★★

果樹では、冬期から春先にかけて、野ネズミに枝幹や根を食害されることが多い。そのため、野ネズミの生息密度が高いところでは対策が必須となる。野ネズミの食害を防ぐために、金網やペットボトルなどを幹に巻く方法が有効である。また、忌避(きひ)剤・殺鼠(さっそ)剤の散布や捕獲・駆除も必要である。①②⑤の幼虫は、木に食入する害虫のため、①は木くず（おがくず）、②はヤニ（樹脂）、⑤は穴と木くずが発生する。④のモグラは地下部に生息し、ミミズなどを食べる肉食のため、根の食害はないが、モグラの穴をネズミが利用して根を食害したり、隠れ家としたりするので注意が必要である。

44　解答▶①　★★★

大津4号は普通品種、南柑20号は

中生品種である。また、清見、不知火はウンシュウミカンではなく中晩生カンキツの品種である。わが国のカンキツ類栽培は、最も栽培の多いウンシュウミカンと他のものに大別できる。出荷（収穫）期別の分け方として、ウンシュウミカンでは、９～10月の極早生、10～12月の早生、11～12月の中生であり、それ以後の時期であれば「晩生（おくて）」となるが、「普通品種」となっている。ウンシュウミカン以外のハッサクやデコポン等のカンキツは12月中旬から４月頃の収穫であり、「中晩柑類（ちゅうばんかんるい）」（中晩生カンキツ類）となっている。

45　解答▶③　★★

写真は、１－メチルシクロプロペン（１－MCP）による品質低下抑制のために行う燻蒸処理開始時のものである。リンゴは１年中店頭で販売されるほど、貯蔵技術が進んでいる。一般的には、温度を下げ、酸素を少なくし、二酸化炭素を多くして果実の呼吸を抑える。長期保存の場合は、酸素・二酸化炭素３％程度に調整したCA貯蔵（酸素を減らし、二酸化炭素を増やして呼吸を抑える貯蔵法）があるが、これらは気密性の高い大型施設での実施となる。１－MCPによる燻蒸処理であれば、小さな施設で手軽にできる利点がある。①インドール酪酸はさし木の発根促進、②エテホンは熟期促進、④ストレプトマイシンは無種子化、⑤ジベレリンはブドウの無種子化・果粒肥大促進効果を使用目的としている。

46　解答▶③　★★

花芽のでき方と果実のつき方を結果習性という。写真では先端の芽が太く大きいので「花芽」である。枝の横についている芽は細く、小さいので「葉芽」である。また、先端の頂芽に対して枝の横についている芽は「えき芽（が）（腋芽）」という。新梢の頂芽が花芽になる場合を頂性花芽といい、リンゴ、ナシ、ビワで見られる。一般の花芽は花が咲き、枝葉も出る。しかし、④の純正花芽は、花だけしか出ないため、枝に直接果実ができるもので、モモ、ウメ、オウトウなどの核果類で見られる。⑤の中間芽は見た目による太さや大きさでは、花芽か葉芽が判別できない芽のことである。

47　解答▶⑤　★

リンゴにおいて着色を良くし、秀品率を高めるためには、葉陰による着色むら等をなくし、果実全体を赤くすることが必要である。但し摘葉が早すぎると糖度が上がらない、遅いと着色が不十分となるので、「ふじ」の場合は、９～10月にかけて計画的に行う。また、葉は光合成を行う重要な部分なので、摘み過ぎなどに注意が必要である。リンゴの着色の向上にとって他に大切なことは、袋外し、玉回し、反射シートの設置などである。これらの管理を適期に行う必要がある。

48　解答▶②　★

袋かけは果実を病害虫の被害から防ぎ、着色も含め、外観の美しい果実にするために行うが、袋をかけていても加害する害虫（カメムシ、夜蛾など）もおり、完全に防ぐことはできない。袋かけの労力は大変であり、無袋栽培も増えている。無袋にすれば、糖度の向上はあるが、肌が悪く、着色もよくないことが多い。二十世紀ナシは、見た目の美しさも重要であるので、無袋栽培は行われていない。病害虫防除のためには、農薬散布が必要であるが、袋かけをすることで農薬散布回数を減らすことができる。

49　解答▶④　★

写真は地表面に草が生えているので、草生（そうせい）法で管理しているナシ園である。草生法には、雑草を利用するものと牧草を利用するものがある。草生法には、土壌中の有機物及び腐植含量を増やす効果などがある。欠点として、養水分の競合が生じる、病害虫の発生源となる、草刈りが必要などの点がある。①のトレンチャーは溝堀専用機械で、ゴボウ等の収穫にも利用する。②⑤は清耕法であり、病害虫の発生が少ない等の利点があるが、雨により土壌表面の良い土が流亡しやすい。③はマルチ法であるが、刈り取った草を敷くのも一種のマルチ（敷き草）である。

50　解答▶②　★

花粉は高温に弱いため、開葯の場合は30℃以上にしない。保存は低温・乾燥状態で行う。保存期間が短期の場合は、乾燥剤のシリカゲル等と一緒に冷蔵庫で保存し、長期の場合は冷凍保存する。①夜露で花弁が濡れている場合があるので、早朝の人工受粉は適さない。③高温や湿気が多いと発芽率が低下する。④花粉の採集は、雄しべの葯（やく）を集め、開葯させてから用いる。⑤花粉の発芽率に応じて、増量剤（カタクリ粉等でも良いが、販売されている、ヒカゲノカズラの胞子である「石松子（せきしょうし）」）を加えて行うのが一般的である。

選択科目［畜産］

11　解答▶③　★

ブタは強靱な鼻で土を掘り起こし、土浴や泥浴をする習性がある。これは冷たい土や泥水によって体を冷やし、体温を調節すると同時に体表の寄生虫を払い落とそうとする習性である。また、ブタは寝床と排せつ場所とを区別する習性をもっており、一定の場所に排せつをする。

12　解答▶①　★★

（ア）子宮角、（イ）卵巣、（ウ）子宮体、（エ）ぼうこう　（オ）ちつである。

13　解答▶③　★

肉豚で最もよく利用される品種の組み合わせは、ランドレース種と大ヨークシャー種を掛け合わせた二元交雑種を母豚として利用し、肉質がよく、ももの張りに優れるデュロック種の父豚を掛け合わせた三元交雑種のLWDが主流である。

14　解答▶④　★★

①50mLであり、こう様物は精液採取時に取り除く。②子宮頸管かん子法はウシで行う方法である。ブタではゴムまたはプラスチック製のカテーテルを使う。③周年繁殖動物であり、性周期は21日。⑤ブタの精液は量が多く必要で、耐凍性が弱いため、液状精液が用いられることが多い。

15　解答▶⑤　★

①豚コレラもアフリカ豚コレラも法定伝染病である。②日本、北米、オーストラリア、スウェーデン等は清浄国である。③アフリカ豚コレラと豚コレラはウイルスとは病原ウイルスが異なる。④国内での最後の発生は平成４年である。※最近、家畜伝染予防法の改正により、「豚コレラ」→「豚熱」になった。

16　解答▶①　★★★

豚産肉能力直接検定成績より雄豚成績。

17　解答▶②　★★★

「SPF」とは、Specific-Pathogen-Free（スペシフィックパソージェンフリー）の頭文字をとった略字で「特定病原体不在」の意味。SPF豚は豚の健康に悪影響を与える指定された特定の病気（②の5つの病気）が存在しない豚のことをいう。SPF豚は、日本SPF豚協会が定めた基準に基づいて育てられている。

18　解答▶⑤　★★

デュロック種、ランドレース種、大ヨークシャー種は一般に三元交雑種生産のために利用されている。ハンプシャー種はわが国ではほとんど利用されていない。バークシャー種は交雑利用されない。

19　解答▶④　★★

①発情周期は21日。②妊娠期間は114日。③発情期間は2～3日。⑤哺乳期間は21～28日が一般的である。

20　解答▶⑤　★★★

脂肪交雑は遺伝率が高く品種や系統の影響を強く受ける。

21　解答▶⑤　★★

卵殻は子宮部で形成される。

22　解答▶④　★★

入卵後、18日目まではふ卵器内は温度37.8℃、湿度60%とし、その後は湿度70%を保つ。器内に新鮮な空気がはいるように、換気口を調節して換気をはかる。転卵は1日10回程度、自動で行う。検卵は、ふ卵中5～7日目と15～16日目の2回行うのが望ましい。

23　解答▶⑤　★★

シャモは胸が立っているのが特徴である。近年はその肉の旨味が注目されJAS地鶏の親鶏としてよく用いられる。

24　解答▶③　★★

高病原性鳥インフルエンザは法定伝染病に指定されており、病原体はウイルスである。海外から日本への伝播はカモなどの水禽類の渡り鳥によるとされ、これらが営巣地から渡来する冬季に国内での発生が多い。渡り鳥が運んだウイルスを鶏舎に持ち込むのは、農場内外にいる野鳥・野生動物、作業者や機材・資材と考えられるため、野鳥・野生動物が侵入できる隙間をふさぐことが有効である。予防的なワクチンの接種は感染の発見を遅らせるので行わない

25　解答▶④　★★★

①は産卵率である：60万個÷（10万羽×7日）×100。②は平均卵重である：(37t ×1,000,000）÷60万個。③は1羽あたり日産卵量である：(37t ×1,000,000）÷（7日×10万羽)。④は飼料要求率である：77t ÷37t。⑤は1羽あたり飼料摂取量である：(77t ×1,000）÷（7日×10万羽)。

26　解答▶②　★★

ホルスタイン種雌牛の出生時体重は40～50kgである。ただし、早産や過期産、血統が原因でこの範囲以外になることもある。

27　解答▶③　★★

写真の装置はバルククーラーという。搾乳した生乳は清潔で乾燥したろ紙を通して、ごみや飼料片などの異物を取り除き、バルククーラーに送られる。生乳は攪拌されながら5℃以下に冷却される。その後、集乳車によって集められ工場に輸送される。

28　解答▶①　★

牛の第1胃内は、揮発性脂肪酸(VFA）などの酸性物質が生産され

るが、ルーメン壁からの急速な吸収とアルカリ性であるだ液中の重炭酸ナトリウムの働きで、pHは弱酸性から中性の範囲で保たれている。しかし、分解の早い濃厚飼料を多給すると短時間に大量にVFAが生産され、pHが酸性に傾きルーメンアシドーシスになる。

29　解答▶③　★

鼓脹症を防ぐためには飼料に気をつけることが大切であり、治療には第1胃の切開、薬剤による治療等がある。

30　解答▶④　★★★

飼養環境の影響や飼料給与の改善等でも変化はあるが、一般的に乳期が後半になると乳量は落ち、無脂固形分・乳脂率・タンパク質含量は増加する傾向にある。

31　解答▶⑤　★★

反すう胃とは第1胃と第2胃のことをさし、飼料中のでんぷん質、糖類、セルロース等の炭水化物を微生物の働きで酪酸、酢酸等のVFA（揮発性脂肪酸）にまで分解し、栄養分を吸収している。

32　解答▶③　★★★

生後1～2週齢の子牛に発生する、糞便のオーシスト状で伝播する。

33　解答▶③　★★★

ブルセラ病及びカンピロバクター病は細菌感染症。アカバネ病及びチュウザン病は、ウイルス感染症。トリコモナス病は、鞭毛虫類に属する原虫Trichomonas fetusの感染によるウシの生殖器伝染病で、感染雌牛は腟炎、頚管炎、子宮内膜炎あるいは子宮蓄膿症を起こして不妊症となるか、また受胎しても妊娠早期に流産する。

34　解答▶⑤　★

牛の異性多胎では、雄胎子と雌胎子の相互間で胎生期の初期に胎膜血管が吻合することが多く、血液の交流が行われるために、雌胎子の90%以上で生殖器の分化が正常に行われなくなり不妊となる。このような個体をフリーマーチンという。

35　解答▶③　★★★

FSHは卵胞刺激ホルモンであり、連続投与することにより過剰排卵誘起を起こす。排卵後に黄体が形成されるため写真のような状態となる。

36　解答▶④　★★★

発情周期後期には黄体から分泌されるプロジェステロン濃度が低下し、卵胞から分泌されるエストロジェン濃度が上昇し発情が起こる。その後、LH（黄体形成ホルモン）の一過性の放出があり排卵する。黄体ホルモン（プロジェステロン）、卵胞ホルモン（エストロジェン）、黄体形成ホルモン（LH）

37　解答▶③　★★★

①ブタ、②ウマ、④ヤギ、⑤ニワトリである。特にブタは精液量が多い。

38　解答▶③　★

枝肉重量／出荷体重×100＝枝肉歩留率（%）より、473kg／750kg×100≒63.1%となる。

39　解答▶⑤　★★

バルーンカテーテルは、胚（受精卵）を採取する際の器具である。

40　解答▶②　★★

ウシの発情周期は平均21日である。発情終了後1～2日後に出血するウシもいる。ホルスタイン種の妊娠期間は280日である。直腸から手を入れて、子宮頸管をつかんで行う人工授精法は直腸腟法である。

41　解答▶⑤　★★★

顕微鏡で精子数を数える時に使用する。

42　解答▶②　★★

ヘイベーラーは、草類を梱包する

ために使用する。

43　解答▶⑤　★★★

イタリアンライグラスは冬季に栽培される飼料作物である。この他にはエンバクや飼料カブなどがある。

44　解答▶①　★

ドリルシーダは主に播種作業に用いる機械。ディスクハローは砕土・整地に用いる機械。ライムソーワは肥料散布等に用いる機械。ロータリは耕起作業に用いる機械である。

45　解答▶⑤　★

「食品循環資源の再生利用等の促進に関する法律」により、「食品の売れ残りや食べ残しにより、又は食品の製造過程において大量に発生している食品廃棄物について、発生抑制と減量化により最終的に処分される量を減少させるとともに、飼料や肥料等の原材料として再生利用するため、食品関連事業者（製造、流通、外食等）による食品循環資源の再生利用等を促進する。」と定められている

46　解答▶③　★

写真は綿実で、搾乳牛の生乳成分の乳脂率向上を図る等の目的で牛に給与されることが多い。袋に入っている状態は、綿実のみなので、単味飼料となる。

47　解答▶②　★

写真はローラーであり、飼料作物の播種前後の圃場鎮圧に使われる。鎮圧は、草地更新などでも必要不可欠で、中途半端な鎮圧だと、播いた牧草の発芽が遅れてしまう。

48　解答▶①　★★★

①代謝エネルギー（ME = Metabolizable Energy）、②可消化エネルギー、③総摂取エネルギー、④正味エネルギー、⑤可消化養分総量である。総摂取エネルギーは、消化・吸収、そして利用されるなかで、さまざまな形のエネルギーとして失われていく。

49　解答▶⑤　★★

食料自給率は、国内の食料消費が国内生産によってどのくらい賄えているかを示す指標。我が国の供給熱量ベースの食料自給率は、近年、横ばいで推移しているが、長期的にみると生産・消費両面の要因から低下している。

50　解答▶①　

家畜の種類により堆肥の肥料成分・分解特性は異なり、同じ家畜同士でもエサや製造方法等の様々な要因により、成分・特性にばらつきが生じる。肥料効果では、鶏ふん、豚ぷん、牛ふんの順である。

選択科目［食品］

11　解答▶④　★★

食品衛生法により、販売の用に供し、又は営業上使用することを目的として輸入する食品、添加物、器具又は容器包装、乳幼児用おもちゃについては、輸入者に対し、そのつど厚生労働大臣に対して届け出ることを義務付けている。この届出については、全国で32か所の④の検疫所食品監視窓口において受理し、輸入される食品等が食品衛生法に基づく規格基準等に適合するものであるか食品衛生監視員が審査を行うとともに、違反の可能性に応じたモニタリング検査や検査命令等を実施している。

12　解答▶⑤　★★

⑤の梅の果肉や種子には、アミグダリンというシアン化合物が含まれ、とくに未熟な青梅に多い。アミグダリンは､成熟した梅では少なく、水にさらすことで除去できる。生の梅は、梅酒や梅干しつくりのため身近にあるが、子供が食べないように十分注意する必要がある。スモモ、ビワ、アンズの種子等にも含まれている。

13　解答▶②　★★

①のサルモネラ食中毒の原因となる食品は、主に食肉や鶏卵である。③のＯ－157は、病原性大腸菌。④のカンピロバクターは、家畜の腸管に存在する。⑤のボツリヌス菌中毒のは、缶詰や真空パック製品での事例がある。

14　解答▶①　★

各種のアミノ酸には、それぞれ特有の味がある。①のグルタミン酸は特に旨味が強く、昆布の旨味物質として発見され、みそやしょうゆ中の主要な旨味物質である。みそやしょうゆは原料の大豆・小麦中のタンパク質が、アミノ酸に分解された食品である。

15　解答▶③　★★★

③のリンは乾式灰化した後、バナドモリブデン酸吸光光度法、モリブデンブルー吸光光度法、誘導結合プラズマ発光分析法などで測定する。①のナトリウムは希酸抽出法又は乾式灰化法、②の鉄、④の亜鉛、⑤のマグネシウムは乾式灰化法で試料調整し、原子吸光光度法、誘導結合プラズマ発光分析法で測定する。

16　解答▶④　★★

pH は、溶液の酸性、アルカリ性を数字で表したもので、食品の酸味に大きく影響する。pH 値が７より小さければ酸性でリトマス試験紙を赤変、７より大きければアルカリ性でリトマス紙を青変する。pH ７を中性という。

17　解答▶④　★★

上記２枚の写真は､左が吸引びん、右が吸引ろうとと言う。吸引ろ過で使用する器具で、反応生成物が懸濁液中の固体であるとき、目的の生成物を単離するためによく使用される。生成物をより速く回収できる。①に用いる実験器具は主にビュレット。②は蒸留装置。③はろうと。⑤は電子天秤である。

18　解答▶⑤　★★

CA 貯蔵（Controlled Atmosphere）は、果実や野菜の貯蔵法の一種で、庫内空気中の酸素を減らして二酸化炭素をふやし，かつ温度を低くする貯蔵法。呼吸作用を抑制して青果物に含まれる糖や酸の消耗を防止する。リンゴ・ナシ・洋ナシ･カキなどにも利用されている。①はプラスチック袋包装。②は冷凍保存。⑤は塩蔵（糖蔵）③は殺菌方法のひとつであり､貯蔵法ではない。

19　解答▶④　★★

野菜・果実の④の低温障害ではキュウリの果皮表面にピッティングとその部位の変質、バナナの果皮の黒変、サツマイモの内部変色、レモンの果皮のピッティング、パイナップルの追熟果実の暗緑化、トマトの軟化・腐敗、リンゴの果肉の褐変、ピーマンの種子の褐変と果皮のピッティングなどが発生する。この低温障害は野菜・果実によって発生する温度帯が異なり、10〜15℃で発生するもの、５〜10℃で発生するもの０℃近辺で発生するものなどいろいろある。

20　解答▶①　★★★

①の紙パックの内容が正解である。自動充てん包装機を用いてジュースやお茶、牛乳といった飲料が充てんされ商品化されている。②は、ビン詰・缶詰の製品検査方法である。③・④は、缶詰製造時の記述である。⑤は、プラスチック容器の欠点である。

21　解答▶①　★

食物アレルギーとは食物を摂取した際、食物に含まれる原因物質（アレルゲン：主としてタンパク質）を異物として認識し、身体が過敏な反応を起こすこと。主な症状としては、じん麻疹・紅斑などの皮膚症状、下痢・嘔吐・腹痛などの消化器症状、鼻・眼粘膜症状、咳・呼吸困難などの呼吸器症状などがある。重篤度・症例数の多い７品目（エビ、カニ、コムギ、ソバ、卵、乳、ラッカセイ）の表示については食品表示基準で規定し、法令で表示を義務付けている。

22　解答▶②　★★

②のポジティブリスト制度は、一定量を超えた農薬等が残留する食品の販売や輸入等を原則禁止し、これまで基準のなかった農薬についても人の健康のおそれのない量として一律基準である0.01ppmを生鮮農産物や加工食品に設定した制度。

23　解答▶①　★★★

ボイラとは、密閉した容器内の水をガスや石油などを燃焼・加熱して、蒸気または温水にする装置である。煙管ボイラや貫流ボイラなどがあり、圧力の程度により、①の労働安全衛生法で構造・設置・管理について、厳密な規定が定められている。

24　解答▶⑤　★

⑤のマスクをすることで作業者由来の異物混入を防止する。①のネームプレートをクリップで止めると落下し、食品汚染や異物となる。②の手袋は破れて食品に混入する恐れがあり、混入した時に目立つ色付きの方がよい。③の腕時計は時計・バンド自体に雑多な微生物が付着し、腕との接着面には汗が貯まり微生物汚染の原因となる。④のシャープペンシルはそれ自体が異物になる可能性がある。

25　解答▶①　★★★

牛乳は液体で栄養成分が豊富なこともあり、細菌が混入すると増殖しやすい。そのため製造工程が完全に密閉されたミルクプラントで行われている。ミルクプラントにおける牛乳製造は原料乳が来ると原料秤量・授乳検査を行った後、①のろ過・浄化→均質化→殺菌→冷却→充てんされ、冷蔵保管され、出荷される。殺菌・冷却保存については乳等省令で条件が定められている。

26　解答▶⑤　★★★

牛乳中のタンパク質は酸による凝固、熱による凝固、アルコールによる凝固、酵素による凝固などいろいろな条件で凝固する。このうち、牛乳タンパク質のカゼインは酵素キモシンにより凝固する。この凝固物をカード（凝乳）と言い、⑤のチーズ製造に利用される。

27　解答▶③　★

「乳等省令」により牛乳やその他の乳、乳製品などについての成分規格や製造基準、容器包装の規格、表示方法などが定められている。③の成分調整牛乳の場合、生乳から乳脂肪分の一部を除去するか、水分の一部を除去し、成分を濃くするなどの調整を行った牛乳と規定されている。

28　解答▶⑤　★

⑤のマヨネーズは、卵黄の乳化性を利用したドレッシングで、割卵して製造するため、製造工場では主に液状卵を使用している。①のくん製卵、②の温泉卵、④のピータンは、殻付きの全卵を使用し、③の土壌改良材に使用するのは卵殻である。

29　解答▶③　★

ソーセージの製造では、塩漬を終えた原料肉や脂肪をミートチョッパーで挽く。肉ひき後、サイレントカッターに肉を移し調味料·香辛料そして最後に脂肪を加え、練り合わせる。練り合わせたものをスタッファーを使用して、ケーシングに充てんを行い、充てんしたものを燻煙する。

30　解答▶①　★

製品の中心温度を63℃で30分間以上加熱することで、病原菌を死滅させ、保存性が向上する。また加熱により肉のタンパク質が凝固し、適度な硬さと弾力を製品に与えるとともに発色反応を進め、安定した肉色に固定される。

31　解答▶④　★★

④のチャーニングは、クリームをバターチャーンで激しくかくはんして、クリーム中の脂肪球を凝集させてバター粒子にかえる工程である。⑤のワーキングは、バター粒子を均一に練り合わせること。③のエージングは、クリームを一定時間４～５℃に保冷し、脂肪を徐々に結晶化させバターの組織を改良する。

32　解答▶⑤　★★

コンニャクイモは、サトイモ科の多年草植物で、主成分のグルコマンナンは吸水性が大きく、石灰などでアルカリ性にすると凝固する。またシュウ酸を多く含むため、切り口には直接触れないようにする。

33　解答▶③　★★

③の脱気が正解である。缶詰めの一般的な工程は、原料→①調製→②肉詰・注液→③脱気→④密封→殺菌・⑤冷却→検査→製品となる。また、脱気によって加熱殺菌のさい、内容物の膨張による変形や破損を防ぐ目的もある。

34　解答▶④　★★

果実の搾汁に同量の95%エタノールを加えて混合するとペクチンは不溶化し綿状の物質として観察される。④のペクチンはデンプンやセルロースと同じ多糖類の一種で、植物の細胞と細胞を接着させている。未熟な果実ではペクチンは不溶性で、成熟に従ってペクチンは分解し、可溶化し、果肉は軟化する。

35　解答▶①　★★

生物の体内では、さまざまな化学反応が酵素によって営まれているが、特定の酵素は特定の基質としか反応しない。サツマイモのデンプンを分解できる酵素はアミラーゼである。②のオキシダーゼは、ビタミンＣを酸化させ効果をなくす。③のプロテアーゼは､肉組織を軟化させる。④のペクチナーゼは、果実をやわらかくする。⑤リパーゼは、酸敗の原因となる脂肪酸を遊離させる。

36 解答▶⑤ ★★★

①は、胚芽ではなく胚乳。②は、グルテンも多い。③の胚乳の断片は、セモリナである。④のグルテニンは弾性、グリアジンはやわらかくのびやすい。⑤は、小麦に含まれるβデンプンを吸水・加熱すると消化しやすいαデンプンとなる。

37 解答▶⑤ ★★

①のもみがらを除いた玄米には、炭水化物が約70%、タンパク質が約７%含まれている。⑤の胚乳には、デンプン質であるアミロースやアミロペクチンが多いので、可食部の主要部となっている。

38 解答▶④ ★

精米歩合は、玄米に対する精白米の質量から求める。精米歩合（%）＝精白米の質量÷玄米の質量×100。酒造好適米は、醸造用玄米のこと。清酒醸造に適した米なので、業界では酒造好適米と呼ぶ。一般に大粒で心白粒が多く、タンパク質含量が少ない。また、麹がつくりやすく酒母や醪で酵素作用を受けやすい米でもある。

39 解答▶① ★

柏もちやみたらし団子はうるち精白米を粉砕した上新粉を使用する。上新粉は水でこねても粘りが出にくく、しっかりとした歯ごたえがある。白玉団子は白玉粉を使用する。白玉粉はもち米を吸水させ、すりつぶして作る。白玉粉は水でこねると上新粉より粘りがある。

40 解答▶② ★★

小麦粉・水・食塩・イーストだけを原料としたパンを簡素、脂肪の少ないということでリーンなパンという。油脂や卵・糖分を多く配合したパンを豪華、贅沢ということでリッチなパンという。バゲットはリーンなパンで、クロワッサンや菓子パンなどは砂糖、油脂、鶏卵の使用量が多いリッチなパンである。

41 解答▶③ ★★★

加熱によりα化したあん粒子は、滑らかで特有の風味をもつが、非常にβ化がはやいため、保水性の高い砂糖でおおうことによりβ化を遅らせ、くずれにくい粒子にしなければならない。

42 解答▶① ★★

にがりは、海水を煮詰めて得られる結晶で、主成分は①の塩化マグネシウムである。凝固力が強く、凝固速度もはやい。ダイズ独特のうま味・甘みなどの風味を引き出す特性がある。

43 解答▶③ ★★★

①の玉露、②の番茶、④のてん茶は摘採した茶葉を速やかに加熱し、酵素を失活させ、酸化発酵しないような製造をしている。③のウーロン茶は摘採した茶葉を萎凋させるが、この萎凋させる間に酸化酵素を働かせる半発酵茶で、特徴のある水色・香気としている。⑤の紅茶は摘採した茶葉を十分に発酵させている。

44 解答▶② ★★★

ソラマメは、完熟豆を甘く煮て甘納豆などの豆菓子やあんに加工される。また四川料理に用いられる豆板醤の原料にもなる。日本でソラマメの本格的な栽培が始まったのは、明治時代になってからで、ヨーロッパやアメリカの品種が導入され、試作を重ねるうちに現在の品種の基礎がつくられた。

45 解答▶① ★★★

イチゴの色素は①のアントシアンであり、フラボノイド系の色素である。溶液のpHに影響を受けやすく、酸性の溶液では安定な赤色を呈するが、弱酸性から中性では不安定な紫に、アルカリ性では青色になる。

46 解答▶⑤ ★★

植物の葉や花の色は主にフラボノイド、カロテノイド、ベタレイン、クロロフィルの4種類の色素により発現する。葉が緑色に見えるのは、葉に含まれているクロロフィルやカロテノイドが赤色や青色の光を吸収し、緑色や黄色の光を反射するからである。特に野菜は、収穫後はしだいにクロロフィルが分解されていくため、カロテノイドの色がめだってきて、黄化していく。

47 解答▶③ ★★

アルコール発酵は酵母が嫌気的な条件で行う反応で、1分子の$C_6H_{12}O_6$（ブドウ糖）から2分子のC_2H_5OH（エタノール）と2分子のCO_2（二酸化炭素）が生成される。理論的には180gのブドウ糖から92gのエタノールと88gの炭酸ガスが生成され、ブドウ糖の51％がエタノールに変換されたことになる。

48 解答▶② ★★★

この機器は自動製麹機という。麹を作る方法には麹室の中で、手作業で行う方法と、自動製麹機を用いる機械製麹法がある。また、種麹の製造にはかなりの技術と厳重な管理が必要なので、専門の業者によって製造・販売されている。

49 解答▶⑤ ★★★

Aspergillus sojae は Aspergillus oryzae と並ぶ麹菌の一種で、タンパク質を分解する能力が高く、⑤のしょうゆ・味噌など大豆を原料とする醸造食品の製造に主に利用されている麹菌である。

50 解答▶④ ★

食品の品質保証に関連する法律には、食品安全基本法・消費者基本法・食品衛生法・JAS法・製造物責任法・牛トレーサビリティ・米トレーサビリティ・景品表示法・不正競争防止法がある。④の食品安全基本法では、食品安全性の確保についての考え方を定めている。

201□年度　第□回
日本農業技術検定２級　解答用紙

１問２点（100点満点中70点以上が合格）

共通問題

設問	解答欄
1	
2	
3	
4	
5	
6	
7	
8	
9	
10	

点数

選択科目

※選択した科目一つを
丸囲みください。

作物　野菜
花き　果樹
畜産　食品

設問	解答欄
11	
12	
13	
14	
15	
16	
17	
18	
19	
20	

設問	解答欄
21	
22	
23	
24	
25	
26	
27	
28	
29	
30	
31	
32	
33	
34	
35	

設問	解答欄
36	
37	
38	
39	
40	
41	
42	
43	
44	
45	
46	
47	
48	
49	
50	

201□年度　第□回
日本農業技術検定２級　解答用紙

１問２点（100点満点中70点以上が合格）

共通問題

設問	解答欄
1	
2	
3	
4	
5	
6	
7	
8	
9	
10	

点数

選択科目

※選択した科目一つを
丸囲みください。

作物　野菜
花き　果樹
畜産　食品

設問	解答欄
11	
12	
13	
14	
15	
16	
17	
18	
19	
20	

設問	解答欄
21	
22	
23	
24	
25	
26	
27	
28	
29	
30	
31	
32	
33	
34	
35	

設問	解答欄
36	
37	
38	
39	
40	
41	
42	
43	
44	
45	
46	
47	
48	
49	
50	